Duden

SMS
Schnell-Merk-System

Abi
Chemie

Duden Schulbuchverlag
Berlin · Mannheim · Leipzig · Wien · Zürich · Frankfurt a. M.

Inhaltsverzeichnis

1. **Allgemeine Chemie** 6

Wichtige Definitionen 6 · 1.1 Reaktionskinetik 8
1.2 Chemisches Gleichgewicht 9
TOPTHEMA Massenwirkungsgesetz 12
1.3 Le-Chatelier-Prinzip 14 · 1.4 Protolysen 16
1.5 Das Ionenprodukt des Wassers 18 · 1.6 Stärke von Säuren und Basen 20 · 1.7 Salze in wässriger Lösung 25
TOPTHEMA Berechnung des pH-Werts 28
1.8 Die Pufferung 30

2. **Physikalische Chemie** 32

Wichtige Definitionen 32 · 2.1 Elektrochemie und Spannungsreihe 34 · 2.2 Elektrochemische Elemente 36
TOPTHEMA Die Nernst-Gleichung 38
2.3 Korrosion 40 · 2.4 Akkumulatoren 41
2.5 Batterien 43 · 2.6 Die Brennstoffzelle 44
2.7 Elektrolyse 45 · 2.8 Energetik 47
TOPTHEMA Die Gibbs-Helmholtz-Gleichung 48

3. **Atombau und chemische Bindung** 52

Wichtige Definitionen 52 · 3.1 Quantenzahlen und Pauli-Prinzip 53 · 3.2 Das Orbitalmodell 55
TOPTHEMA Hybridisierung 58

3.3 Der Atomkern 59 · 3.4 Chemische Bindung 61
TOPTHEMA Komplexverbindungen 64
3.5 Die Systematik im Periodensystem 70

4. Organische Chemie 72

Wichtige Definitionen 72 · 4.1 Das C-Atom im Orbitalmodell 74 · 4.2 Gesättigte Kohlenwasserstoffe – Alkane 74 · 4.3 Ungesättigte Kohlenwasserstoffe – Alkene 79 · 4.4 Ungesättigte Kohlenwasserstoffe – Alkine 81 · 4.5 Halogenkohlenwasserstoffe 82
4.6 Aromatische Kohlenwasserstoffe – Benzen 86
TOPTHEMA Elektrophile Substitution 88
4.7 Alkohole 91 · 4.8 Ether 95 · 4.9 Aldehyde 97
4.10 Ketone 101 · 4.11 Carbonsäuren 103
4.12 Synthetische Makromoleküle 107
4.13 Oxidationsstufen des Kohlenstoffatoms 111

5. Farbstoffe und Indikatoren 112

Wichtige Definitionen 112 · 5.1 Farbensehen und Farbstoffmoleküle 114 · 5.2 Chromatografie 117
TOPTHEMA Säure-Base-Indikatoren 118
5.3 Phenolphthalein 120

Zum Downloaden unter www.schuelerlexikon.de:
Abiklausuren mit Musterlösungen

- Klick die Rubrik „SMS Abi“ an.
- Wähle dein Fach aus.
- Klick auf die gewünschte Klausur mit Lösung und gib das Passwort SMSChemie-k2abi für die Freischaltung ein.

6. Biochemie 122

Wichtige Definitionen 122 · 6.1 Kohlenhydrate 124
6.2 Optische Aktivität 127 · 6.3 Polysaccharide 130
TOPTHEMA Eiweißstoffe – Proteine 134
6.4 Die Struktur von Peptiden und Proteinen 136
6.5 Wirkstoffe 138
TOPTHEMA Nucleinsäuren 142
6.6 Gärung 144 · 6.7 Fotosynthese 145
6.8 Atmung 146

7. Analytische Chemie 148

Wichtige Definitionen 148 · 7.1 Beispiele für qualitative Analysen 150 · 7.2 Beispiele für quantitative Analysen 151 · 7.3 Ermittlung chemischer Formeln 154
7.4 Ermittlung der molaren Masse 155
TOPTHEMA Elementaranalyse nach Liebig 156

8. Industrielle Chemie 158

Wichtige Definitionen 158 · 8.1 Treibstoffgewinnung 159
TOPTHEMA Cracken und Reforming 160
8.2 Hydroformylierung 165 · 8.3 Seifen und Waschmittel 167 · 8.4 Verarbeitung von Kunststoffen 169
8.5 Enzymatische industrielle Verfahren 171
8.6 Haber-Bosch-Verfahren 172 · 8.7 Chlor-Alkali-Elektrolyse 173
TOPTHEMA Salpeter- und Schwefelsäure 174

8.8 Schmelzflusselektrolyse von Aluminiumoxid 176
8.9 Der Hochofenprozess und die Stahlgewinnung 177

9. **Umweltchemie** 180

Wichtige Definitionen 180 · 9.1 Die Atmosphäre 181
TOPTHEMA Ozon in der Atmosphäre 182
9.2 Die Hydrosphäre 184 · 9.3 Der Kohlenstoffdioxidkreislauf 187

Prüfungswissen und Prüfungsaufgaben 188

1 MIND-MAP **Der Prüfungsstoff** 188

2 **Die Klausur** 190
2.1 Inhalt und Aufbau einer Klausur 190
2.2 Die Operatoren 191

3 **Thematische Prüfungsaufgaben** 194
3.1 Allgemeine Chemie 194
3.2 Physikalische Chemie 196
3.3 Atombau und chemische Bindung 200
3.4 Organische Chemie 203
3.5 Farbstoffe und Indikatoren 207
3.6 Biochemie 208
3.7 Analytische Chemie 212
3.8 Industrielle Chemie 214
3.9 Umweltchemie 216

Stichwortfinder 219

1 Allgemeine Chemie

Wichtige Definitionen

Kinetik und chemisches Gleichgewicht	
Stoffmenge: $n = \frac{m}{M}$	Formelzeichen: n Einheit: mol Formelzeichen: m Masse, M Molmasse
Konzentration: $c = \frac{n}{V}$	Formelzeichen: c Einheit: mol l^{-1} Formelzeichen: V Volumen
Reaktionsgeschwindigkeit: $\upsilon = \frac{\Delta c}{\Delta t}$	Formelzeichen: υ Einheit: $\text{mol l}^{-1}\,\text{s}^{-1}$ Formelzeichen: t Zeit
Geschwindigkeitsgesetz: Abhängigkeit der Reaktionsgeschwindigkeit von c	$\upsilon = \text{k} \cdot c(\text{A}) \cdot c(\text{B})$ für die Reaktion $\text{A} + \text{B} \rightarrow \text{C}$
Gleichgewichtsreaktion: Ausgangs- und Endprodukte liegen in gleichbleibenden Konzentrationen nebeneinander vor. Hin- und Rückreaktion laufen gleich schnell ab: $\upsilon(\text{ges}) = \upsilon(\rightarrow) - \upsilon(\leftarrow) = 0$	$\text{A} + \text{B} \rightleftharpoons \text{C} + \text{D}$ Gleichgewichtskonstante (Massenwirkungsgesetz) $K_c = \frac{c(\text{C}) \cdot c(\text{D})}{c(\text{A}) \cdot c(\text{B})}$
Le-Chatelier-Prinzip: Chemisches Gleichgewicht verlagert sich so, dass es äußerem Zwang ausweicht	Zwang durch: – Temperaturänderung – Konzentrationsänderung – Druckänderung (Gase)

Protolyse	
Protolyse: Protonenübertragungsreaktion	$HNO_3 + H_2O \rightleftharpoons H_3O^+ + NO_3^-$
Dissoziation des Wassers	$H_2O \rightleftharpoons H^+ + OH^-$
Autoprotolyse: Protonenaustausch zwischen zwei identischen Molekülen	$H_2O + H_2O \rightleftharpoons H_3O^+ + OH^-$
pH-Wert: $pH = -\log c\,(H_3O^+)$	Zitronensaft: pH = 2,3 Cola: pH = 2,4 Blut: pH = 7,4
Ionenprodukt des Wassers: $K_W = c(H^+) \cdot c(OH^-) = 10^{-14}$ $pK_W = pH + pOH = 14$	Formelzeichen: K_W Einheit: $mol^2 \cdot l^{-2}$
Säurekonstante: Protolysekonstante K_S, abgeleitet aus dem Massenwirkungsgesetz der Reaktion einer Säure mit Wasser. Analog: **Basenkonstante** K_B	Säureexponent: $pK_S = -\log K_S$ Basenexponent: $pK_B = -\log K_B$ $pK_B + pK_S = pK_W = 14$
korrespondierende Säure-Base-Paare: Protolysegleichgewicht einer Säure und einer Base	Essigsäure/Acetat $HAc \rightleftharpoons Ac^- + H^+$
Ampholyt: chemische Verbindung kann sowohl Säure als auch Base sein	Wassermoleküle · Dihydrogenphosphat
Titrationsgleichung: $c(\text{Säure}) \cdot V(\text{Säure}) = c(\text{Base}) \cdot V(\text{Base})$ maßanalytische Gehaltsbestimmung von wässrigen Lösungen	Säure-Base-Titration · Leitfähigkeitstitration

1.1 Reaktionskinetik

Die mittlere **Reaktionsgeschwindigkeit** υ gibt die Änderung der Konzentration c (mol l^{-1}) im Zeitintervall Δt an:

$$\upsilon = \frac{\Delta c}{\Delta t} \quad \text{Einheit: mol } l^{-1}\, s^{-1}$$

Bei einer Abnahme der Konzentration ist die Reaktionsgeschwindigkeit υ negativ, bei einer Zunahme positiv.
Die Reaktionsgeschwindigkeit wird beeinflusst von:

- Temperatur: Bei vielen Reaktionen bewirkt eine Temperaturerhöhung um 10 °C eine Verdopplung der Reaktionsgeschwindigkeit (RG; Van't-Hoff-Regel oder **RGT-Regel**).
  Grund: Bei höherer Temperatur verfügen mehr Reaktanten über die notwendige Energie zur Überwindung der Aktivierungsschwelle.
- Aktivierungsenergie, Katalysatoreinsatz (↑ S. 79).
- Zerteilungsgrad: Durch die größere Oberfläche, z. B. bei heterogenen Reaktionen, haben die Reaktionsteilnehmer besseren Kontakt. Gleiches gilt für intensive Durchmischung der Reaktionspartner (↑ S. 14).
- Konzentration (↑ S. 8/9).
- Druck: Bei gasförmigen Stoffen werden die Partialdrücke p der Stoffe anstelle der Konzentrationen c eingesetzt (↑ S. 14).

Das **Geschwindigkeitsgesetz** gibt die Abhängigkeit der Reaktionsgeschwindigkeit υ von der Konzentration c der beteiligten Stoffe wieder. Die **Reaktionsordnung** n gibt an, in welcher Art die Reaktionsgeschwindigkeit υ von c abhängt. Für eine Reaktion 0. Ordnung lautet das Geschwindigkeitsgesetz $\upsilon = k$ (k = Geschwindigkeitskonstante), d. h., die Reaktionsgeschwindigkeit ist unabhängig von den Stoffkonzentrationen. Bei einer Reaktion 1. Ordnung bestimmt

die Konzentration eines Stoffs, z. B. A, die Geschwindigkeit der Reaktion: $\upsilon = k \cdot c(\mathrm{A})$; υ einer Reaktion 2. Ordnung kann von $c^2(\mathrm{A})$ abhängen.
Aufgepasst: Die Reaktionsordnung ist nicht identisch mit den stöchiometrischen Koeffizienten der Reaktionspartner und muss – ebenso wie das Geschwindigkeitsgesetz – experimentell bestimmt werden.

1.2 Chemisches Gleichgewicht

Unter dem chemischen Gleichgewicht versteht man einen dynamischen Reaktionszustand, in dem gleichzeitig alle Reaktionsteilnehmer A, B, C und D vorliegen. In diesem Reaktionszustand finden stets zwei umkehrbare Reaktionen gleichzeitig statt. Von links nach rechts läuft die **Hinreaktion** und von rechts nach links die **Rückreaktion.**

Reaktionen sind dann umkehrbar, wenn kein Reaktionspartner das System verlässt, also in einem **abgeschlossenen System.** Energieaustausch mit der Umgebung ist zulässig.

Allgemeine Reaktionsgleichung

Stehen die Ausgangsstoffe A und B mit den Endprodukten C und D in einem chemischen Gleichgewicht und sind α, β, γ und δ die Koeffizienten der beteiligten Stoffe, so lautet die allgemeine Gleichgewichtsreaktion:

$$\alpha\,\mathrm{A} + \beta\,\mathrm{B} \rightleftharpoons \gamma\,\mathrm{C} + \delta\,\mathrm{D}$$

Aufgepasst: Das Gleichgewichtssymbol $\rightleftharpoons$ nicht mit dem Mesomeriepfeil $\leftrightarrow$ verwechseln (↑ S. 84)!

Die Geschwindigkeit der Gleichgewichtsreaktion

Bei umkehrbaren Reaktionen wird die Reaktionsgeschwindigkeit der Hinreaktion mit $\upsilon(\rightarrow)$ (sprich: „vau Hin“), die der Rückreaktion mit $\upsilon(\leftarrow)$ (sprich: „vau Rück“) bezeichnet.

Gleichgewichtsbedingung

Im dynamischen chemischen Gleichgewicht werden pro Zeiteinheit gleich viele Teilchen A und B zu C und D umgesetzt wie umgekehrt. Die Konzentrationen von Ausgangsstoffen und Reaktionsprodukten ändern sich nicht mehr, weshalb die Geschwindigkeiten der Hin- und der Rückreaktion gleich sind:

$v(\rightarrow) = v(\leftarrow)$.

Reaktionsgeschwindigkeit

Die **Geschwindigkeit der Gesamtreaktion** ist im Gleichgewichtszustand makroskopisch betrachtet gleich null.

$v(\text{ges}) = v(\rightarrow) - v(\leftarrow) = 0$

Für die allgemeine Reaktionsgleichung

$\alpha\,A + \beta\,B \rightleftharpoons \gamma\,C + \delta\,D$

kann die Gleichgewichtsbedingung $v(\rightarrow) = v(\leftarrow)$ auch formuliert werden als:

$k(\rightarrow) \cdot c^{\alpha}(A) \cdot c^{\beta}(B) = k(\leftarrow) \cdot c^{\gamma}(C) \cdot c^{\delta}(D)$

Obwohl die Reaktionsgeschwindigkeiten, d. h. die Konzentrationsprodukte, der Hin- und der Rückreaktion im Gleichgewichtszustand gleich groß sind, besitzen die Konzentrationen der Reaktionsteilnehmer in der Regel unterschiedliche Werte.

Gleichgewichtseinstellung

Das chemische Gleichgewicht ist sowohl vonseiten der Ausgangsstoffe als auch vonseiten der Reaktionsprodukte einstellbar. So führen, wie im folgenden Beispiel dargestellt, die Bildung und der Zerfall von HI zum gleichen Endzustand.

Beispiel: Reaktion von Iod mit Wasserstoff

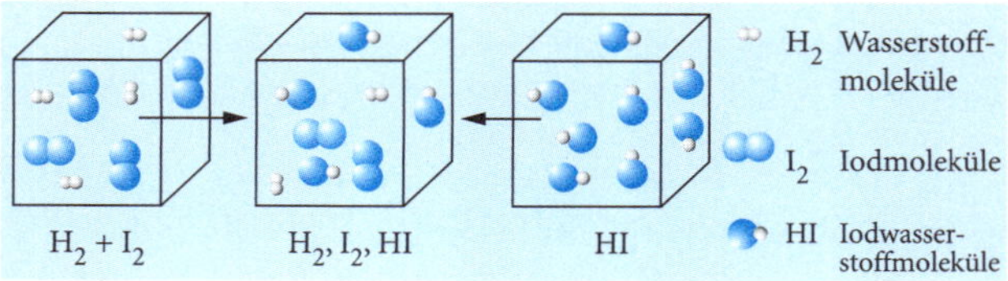

$H_2(g) + I_2(g) \rightleftharpoons 2\,HI(g)$
g: gasförmig

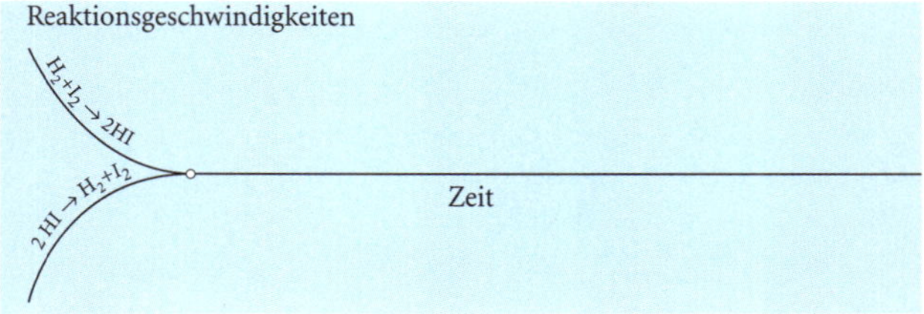

Geschwindigkeitsgesetze der Hin- und der Rückreaktion:

$$\upsilon(\rightarrow) = k(\rightarrow) \cdot c(H_2) \cdot c(I_2)$$

$$\upsilon(\leftarrow) = k(\leftarrow) \cdot c^2(HI)$$

Aus der Gleichgewichtsbedingung $\upsilon(\rightarrow) - \upsilon(\leftarrow) = 0$ folgt, dass der Quotient aus den Geschwindigkeitskonstanten der Hin- und der Rückreaktion eine Konstante ist:

$$\frac{k(\rightarrow)}{k(\leftarrow)} = K_c,$$

die als **Gleichgewichtskonstante** oder Massenwirkungskonstante bezeichnet wird. Ihr Wert wird durch die im Gleichgewicht vorliegenden Konzentrationen gemäß dem Massenwirkungsgesetz bestimmt (↑ S. 12). Die Gleichgewichtskonstante hängt nur von der Temperatur ab.

Definition des Massenwirkungsgesetzes

Das **Massenwirkungsgesetz** (MWG) besagt, dass für ein im Gleichgewicht befindliches homogenes Reaktionssystem verschiedener Stoffe der Quotient aus dem *Produkt* der Konzentrationen der Endprodukte (Hinreaktion) und dem *Produkt* der Konzentrationen der Ausgangsstoffe (Rückreaktion) konstant ist. Für die allgemeine Reaktionsgleichung (↑ S. 9) gilt:

$$K_c = \frac{k(\rightarrow)}{k(\leftarrow)} = \frac{c^{\gamma}(\mathrm{C}) \cdot c^{\delta}(\mathrm{D})}{c^{\alpha}(\mathrm{A}) \cdot c^{\beta}(\mathrm{B})}$$

K_c Gleichgewichtskonstante
k Geschwindigkeitskonstante der Hin- bzw. der Rückreaktion

Nach Übereinkunft wird die Gleichgewichtskonstante stets für die Hinreaktion formuliert. Sie ist umso größer, je weiter das Gleichgewicht auf der Seite der Produkte liegt. Die Einheit von K_c muss für jede Reaktion berechnet werden. (↑ S. 18, 24, 30, 31, 174)

Gleichgewichtsberechnung

Checkliste für die Formulierung des MWG

- ✓ Steht das *Produkt* der Konzentrationen der Endprodukte im Zähler?
- ✓ Sind die Koeffizienten der Reaktionsgleichung als Exponenten eingesetzt?
- ✓ Sind konstante Konzentrationen (z. B. Feststoffe) = 1 gesetzt?
- ✓ Wird zwischen Anfangs- und Gleichgewichtskonzentration unterschieden?
- ✓ Stimmt die Einheit der Gleichgewichtskonzentration?

Berechnung der Gleichgewichtskonstante für die Ammoniaksynthese

Gegeben: Gleichgewichtskonzentrationen $c(NH_3) = 1{,}58 \cdot 10^{-5}$ $mol\,l^{-1}$, $c(N_2) = 3{,}94 \cdot 10^{-3}\,mol\,l^{-1}$ und $c(H_2) = 1{,}14 \cdot 10^{-2}\,mol\,l^{-1}$
Gesucht: Gleichgewichtskonstante K_c

$$3\,H_2(g) + N_2(g) \rightleftharpoons 2\,NH_3(g)$$

$$K_c = \frac{k(\rightarrow)}{k(\leftarrow)} = \frac{c^2(NH_3)}{c(N_2) \cdot c^3(H_2)} = 3{,}86 \cdot 10^{-2}\,l^2\,mol^{-2}$$

Berechnung der Iodkonzentration im Iod-Wasserstoff-Gleichgewicht

Gegeben: Anfangskonzentration des Wasserstoffs $c_0(H_2) = 8{,}1\,mol\,l^{-1}$, Gleichgewichtskonzentration des Iodwasserstoffs $c(HI) = 5{,}64\,mol\,l^{-1}$, Gleichgewichtskonstante $K_c = 50{,}2$
Gesucht: Die Konzentration des Iods $c(x)$ im Gleichgewicht (↑ S. 11)

$$K_c = \frac{c^2(HI)}{c(x) \cdot c(H_2)}$$

$$c(x) = \frac{c^2(HI)}{K_c \cdot c(H_2)}$$

Die Gleichgewichtskonzentration des Wasserstoffs entspricht der Anfangskonzentration, verringert um den Teil, der sich zu Iodwasserstoff umgesetzt hat. Da im Gleichgewicht halb so viel Wasserstoff wie Iodwasserstoff vorliegt, beträgt die Gleichgewichtskonzentration des Wasserstoffs $c(H_2) = c_0(H_2) - \frac{1}{2}\,c(HI)$.

Eingesetzt in das MWG ergibt sich nach Umstellen die gesuchte Gleichgewichtskonzentration für Iod:

$$c(x) = \frac{31{,}8\,mol^2\,l^{-2}}{50{,}2 \cdot \left[8{,}1 - \frac{5{,}64}{2}\right]\,mol\,l^{-1}} = 0{,}12\,mol\,l^{-1}$$

Im **homogenen Gleichgewicht** liegen die Reaktionsteilnehmer in einer Phase vor.

$H_2(g) + Cl_2(g) \rightleftharpoons 2\,HCl(g)$

Heterogene Gleichgewichte laufen an einer Phasengrenze ab. *Beispiel:* Boudouard-Gleichgewicht.

$CO_2(g) + C(s) \rightleftharpoons 2\,CO$
s: fest (solid)

$K_p = p^2(CO)/p(CO_2)$

Kohlenstoffmonooxid steht hier im Gleichgewicht mit festem Kohlenstoff und Kohlenstoffdioxid; die Konzentrationen in der Gleichgewichtskonstante werden durch den Partialdruck der gasförmigen Reaktionsteilnehmer ausgedrückt.

1.3 Le-Chatelier-Prinzip

Die Lage chemischer Gleichgewichte lässt sich verändern. Das Le-Chatelier-Prinzip erläutert die Beeinflussung des chemischen Gleichgewichtszustandes durch Zwänge. Bei industriell angewendeten Gleichgewichtsreaktionen ist dieses Prinzip besonders wichtig. **Zwänge** sind:

- Änderungen der Konzentrationen
- Änderungen des Druckes und
- Änderungen der Temperatur

Das Le-Chatelier-Prinzip

Im Gleichgewicht befindliche chemische Systeme reagieren so, dass der ausgeübte Zwang verkleinert wird (Prinzip vom „kleinsten Zwang“).

Zwang durch Konzentrationsänderung: Die Konzentrationsänderung eines am Gleichgewicht beteiligten Stoffs wirkt sich auf die Konzentration der anderen Reaktionspartner aus. Das Reaktionssystem ist bestrebt, das ursprüngliche Gleichgewicht wieder herzustellen, dabei verschiebt sich die Gleichgewichtslage. Auf die allgemeine Reaktionsgleichung (↑ S. 9) bezogen bedeutet dies:

- Zugabe eines Edukts (A oder B) bewirkt Zunahme der Konzentration der Produkte (C und D)
- Zugabe eines Produkts (C oder D) bewirkt Zunahme der Konzentration der Edukte (A und B)
- Entnahme eines Edukts (A oder B) bewirkt Abnahme der Konzentration der Produkte (C und D)
- Entnahme eines Produkts (C oder D) bewirkt Abnahme der Konzentration der Edukte (A und B)

Zwang durch Druckänderung: Analog sind Druckänderungen Δp bei Reaktionen mit Gasen wie Konzentrationsänderungen zu behandeln. Ändert sich durch die chemische Reaktion die Teilchenzahl, wird durch Druckerhöhung das Gleichgewicht auf die Seite der geringeren Teilchenzahl verschoben.

Beispiel: Ammoniaksynthese, ↑ S. 172.

Zwang durch Temperaturänderung: Eine Temperaturerhöhung begünstigt die endotherme Reaktion. Das Gleichgewicht verschiebt sich in die Richtung, in welche die endotherme Reaktion abläuft (↑ S. 172).

Aufgepasst: Der Einsatz eines *Katalysators* bewirkt keinen Zwang auf ein chemisches Gleichgewichtssystem. Er bewirkt eine schnellere Einstellung des chemischen Gleichgewichts, die Lage des Gleichgewichts bleibt unverändert (↑ S. 139, 162).

1.4 Protolysen

Säuren und Basen

Protolysen sind Säure-Base-Reaktionen in wässriger Lösung, bei denen Protonen auf Reaktionspartner übertragen werden.

Protonen

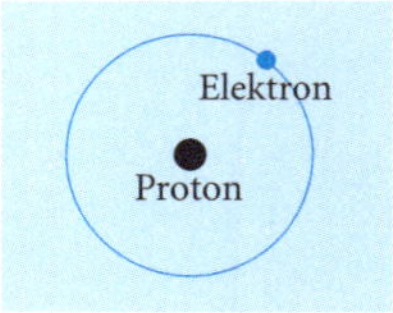

Modell eines Wasserstoff-Atoms

Protonen sind Bausteine der Atomkerne. Der Atomkern des Wasserstoffatoms besteht nur aus einem Proton. Gibt das Wasserstoffatom sein einziges Elektron ab, bleibt das Proton übrig. Ein Proton ist ein Wasserstoff-Ion. Das Wort „Proton" hat sich als kürzerer Begriff in der Fachsprache gegenüber dem längeren Ausdruck „Wasserstoff-Ion" durchgesetzt.

Säuren und Basen

Säuren sind **Protonendonatoren** – Teilchen, die bei einer Reaktion Protonen abgeben.
Basen sind **Protonenakzeptoren** – Teilchen, die bei einer Reaktion Protonen aufnehmen.

$$\overset{\curvearrowright H^+}{HX(l) + H_2O(l)} \rightleftharpoons \overset{\curvearrowright H^+}{H_3O^+(aq) + X^-(aq)}$$

Säure Base

l: flüssig (liquid), aq: in Wasser (aquious)

$$\overset{\curvearrowright H^+}{HCl(g) + NH_3(g)} \rightleftharpoons NH_4Cl(s)$$

g: gasförmig, s: fest (solid)

Diese Definition des Säure-Base-Begriffs wurde von J. Brönsted und T. Lowry entwickelt.

Durch die Anwendung des Donator-Akzeptor-Prinzips ist jede Protonenübertragungsreaktion eine Säure-Base-Reaktion.

Chemische Eigenschaften des Wassers

Für den Ablauf der Protolysen sind die chemischen Eigenschaften des Wassers entscheidend:

- Dissoziation
- Dipolcharakter
- Autoprotolyse der Wassermoleküle

Dissoziation: Spaltung der Moleküle

Unter der elektrolytischen Dissoziation versteht man die Aufspaltung von Molekülen in Ionen. Im Fall des Wassers entstehen aus H_2O-Molekülen Oxonium-Ionen H_3O^+ und Hydroxid-Ionen OH^-.

$$2\,H_2O(l) \rightleftharpoons H_3O^+(aq) + OH^-(aq)$$

Weil das Sauerstoffatom im Wassermolekül eine größere Elektronegativität besitzt als das Wasserstoffatom, sind die Elektronen im H_2O-Molekül nicht gleichmäßig verteilt. Sie halten sich verstärkt in der Nähe des Sauerstoffatoms auf. In der Nähe des Sauerstoffatoms liegt der Minuspol.

Dipolcharakter: Wassermoleküle als Dipol

Wassermoleküle besitzen einen Minus- und einen Pluspol. Sie haben einen Dipolcharakter.

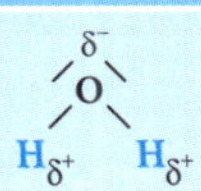

Ein abgespaltenes Proton lagert sich an ein freies Elektronenpaar des negativ polarisierten Sauerstoffatoms an. Das aus einem Proton und einem Wasserstoffmolekül gebildete H_3O^+-Ion heißt **Oxonium-Ion** (oder auch **Hydronium-Ion**).

Protonenübertragung durch Autoprotolyse

Bei der Autoprotolyse überträgt ein Wassermolekül ein Proton auf ein anderes Wassermolekül.

$$H_2O(l) + H_2O(l) \rightleftharpoons H_3O^+(aq) + OH^-(aq)$$

Die Autoprotolyse ist die Ursache für die – wenn auch nur geringe – elektrische Leitfähigkeit des Wassers.

1.5 Das Ionenprodukt des Wassers

Wendet man das Massenwirkungsgesetz auf die Autoprotolyse des Wassers an, erhält man den Quotienten:

$$K_c = \frac{c(H_3O^+) \cdot c(OH^-)}{c(H_2O)}$$

Wassermoleküle sind amphotere Teilchen, sie können also sowohl Protonen aufnehmen als auch abgeben (↑ S. 24).

Da die Konzentration des Wassers im Wasser konstant ist, ergibt sich $K_c \cdot c(H_2O) = \text{const}$. Man formuliert:

$$K_c \cdot c(H_2O) = \text{const} = c(H_3O^+) \cdot c(OH^-)$$

Ionenprodukt des Wassers

Das Produkt der Konzentrationen von H_3O^+- und OH^--Ionen ist konstant. Man bezeichnet es als Ionenprodukt des Wassers. Bei $T = 20\,°C$ und $p = 1013\,hPa$ hat es den Wert:

$$K_w = c(H_3O^+) \cdot c(OH^-) = 10^{-14}\,mol^2\,l^{-2}$$

Da durch Autoprotolyse stets genauso viel Oxonium-Ionen wie Hydroxid-Ionen entstehen, gilt für reines Wasser:
$c(H_3O^+) = c(OH^-)$ oder $c^2(H_3O^+) = 10^{-14}\ mol^2\ l^{-2}$

Die Konzentration der Oxonium-Ionen in reinem Wasser beträgt:
$c(H_3O^+) = 10^{-7}\ mol\ l^{-1}$

und die Konzentration der Hydroxid-Ionen:
$c(OH^-) = 10^{-7}\ mol\ l^{-1}$

pH-Wert

Der pH-Wert ist der negative dekadische Logarithmus der Oxonium-Ionen-Konzentration.

$pH = -\log c(H_3O^+)$

Durch Zusatz einer Säure wird die Konzentration an H_3O^+-Ionen erhöht, wodurch der pH-Wert fällt. Durch Zusatz einer Base wird die Konzentration der OH^--Ionen erhöht, wodurch der pH-Wert steigt.

Für wässrige Lösungen gilt folgende Sprachregelung:
- $pH = 7$: $c(H_3O^+) = c(OH^-)$, die Lösung ist neutral
- $pH < 7$: $c(H_3O^+) > c(OH^-)$, die Lösung ist sauer
- $pH > 7$: $c(H_3O^+) < c(OH^-)$, die Lösung ist basisch

Andere Schreibweise des Ionenprodukts

In der logarithmischen Schreibweise kann man das Ionenprodukt des Wassers auch formulieren:

$pH + pOH = 14$

1.6 Stärke von Säuren und Basen

Starke und schwache Säuren

Wird eine Säure (allgemein HX) im Wasser gelöst, findet folgende Gleichgewichtsreaktion statt:

$$\underset{\text{Säure}}{HX(l)} + \underset{\text{Base}}{H_2O(l)} \rightleftharpoons H_3O^+(aq) + X^-(aq)$$

Säuren unterscheiden sich aber in ihrer Tendenz, Protonen abzugeben. Diejenigen Säuren, die leichter Protonen abgeben, nennt man starke Säuren. Ist die Tendenz zur Protonenabgabe schwächer ausgeprägt, liegt eine schwache Säure vor. In Lösungen schwacher Säuren liegen deshalb stets auch Säuremoleküle vor.

Nur bei starken Säuren liegt das Gleichgewicht weit auf der rechten Seite. Die Größe der Gleichgewichtskonstanten zeigt die Lage des Gleichgewichts an.

$$K_c = \frac{c(H_3O^+) \cdot c(X^-)}{c(HX) \cdot c(H_2O)}$$

Die konstante Größe $c(H_2O)$ bezieht man in K_c mit ein und erhält so die **Säurekonstante** K_s:

$$K_s = K_c \cdot c(H_2O) = \frac{c(H_3O^+) \cdot c(X^-)}{c(HX)}$$

Säurestärke

Die Säurekonstante K_s oder ihr negativer dekadischer Logarithmus $-\log K_s$, der **pK_s-Wert**, sind ein Maß für die Säurestärke.

$$pK_s = -\log K_s$$

Je größer die Säurekonstante K_S bzw. je kleiner der pK_s-Wert (negativer Exponent!) ist, umso stärker ist die Säure.

Starke und schwache Säuren			
starke Säuren		**schwache Säuren**	
Schwefelsäure	H_2SO_4	Kohlensäure	H_2CO_3
Salpetersäure	HNO_3	Kieselsäure	H_4SiO_4
Salzsäure	HCl	Essigsäure	$H_3C\text{-}COOH$
Phosphorsäure	H_3PO_4	Borsäure	H_3BO_3
Trichloressigsäure	$Cl_3C–COOH$	Glycin	$(H_2N)CH_2–COOH$

Starke und schwache Basen

Für die Protolyse einer Base B in Wasser gilt nach dem Massenwirkungsgesetz:

$$\overset{H^+}{B + H_2O \rightleftharpoons BH^+ + OH^-}$$

$$K_B = K_c \cdot c(H_2O) = \frac{c(BH^+) \cdot c(OH^-)}{c(B)}$$

Basenstärke

Die Basenkonstante K_B oder ihr negativer dekadischer Logarithmus, der pK_B-Wert, ist ein Maß für die Basenstärke.

$pK_B = -\log K_B$

Starke Basen besitzen eine große Basenkonstante K_B bzw. einen kleinen pK_B-Wert.
Da in wässriger Lösung stets das Ionenprodukt des Wassers erfüllt sein muss, gilt:

$pK_S + pK_B = pK_W = 14$

Starke Basen, z. B. das OH^--Ion, besitzen eine ausgeprägte Tendenz, Protonen aufzunehmen.

Beispiele für starke und schwache Basen			
starke Basen		**schwache Basen**	
Natriumhydroxid	$NaOH$	Ammoniak	NH_3
Kaliumhydroxid	KOH	Methylamin	$H_3C\text{-}NH_2$
Calciumhydroxid	$Ca(OH)_2$	Monophos-phan	PH_3
Lithiumhydroxid	$LiOH$	Pyridin	C_5H_5N

pH-Wert starker Säuren und Basen

Starke Säuren entsprechen bei Redoxreaktionen guten Reduktionsmitteln und starke Basen guten Oxidationsmitteln. Der pK_S-Wert ist begrifflich dem Normalpotenzial analog.

Starke Säuren bzw. Basen sind in wässrigen Lösungen vollständig dissoziiert. Die gegebene Konzentration wird hier direkt zur pH-Berechnung herangezogen.

Beispiel: Salzsäure HCl
Salzsäurekonzentration der Lösung: $c(HCl) = 10^{-1}\ mol\ l^{-1}$
Protonenkonzentration der Lösung: $c(H_3O^+) = 10^{-1}\ mol\ l^{-1}$
pH-Wert der Lösung: pH = 1.

Korrespondierende Säure-Base-Paare

In einer Säure-Base-Reaktion stehen Säure und Base durch Protonenübergang in einem Gleichgewicht. Man spricht vom korrespondierenden Säure-Base-Paar.

Beispiel: Kohlensäure H_2CO_3

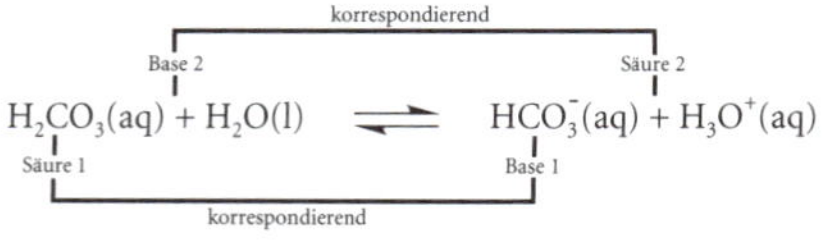

Korrespondierende Säure-Base-Paare		
pK_S	**korrespondierendes Säure-Base-Paar**	**pK_B**
–3	$H_2SO_4 \rightleftharpoons H^+ + HSO_4^-$	17
1,96	$H_3PO_4 \rightleftharpoons H^+ + H_2PO_4^-$	12,04
4,74	$H_3C\text{-}COOH \rightleftharpoons H^+ + H_3C\text{-}COO^-$	9,26
6,52	$H_2CO_3 \rightleftharpoons H^+ + HCO_3^-$	7,48
15,74	$H_2O \rightleftharpoons H^+ + OH^-$	–1,74
24	$OH^- \rightleftharpoons H^+ + O^{2-}$	–10

Je stärker die Säure ist, desto schwächer ist ihre korrespondierende Base und umgekehrt. Weil die Säure- bzw. Basenstärke als Teilcheneigenschaft aufgefasst wird, unterscheidet man Anionen-, Neutral-, Kationensäuren und -basen.

Beispiele für Kationen-, Neutral- und Anionensäuren	
Säuren	**Basen**
Anionsäuren	**Anionbasen**
$HSO_4^- \rightleftharpoons SO_4^{2-} + H^+$	$HCO_3^- + H^+ \rightleftharpoons H_2CO_3$
$H_2PO_4^- \rightleftharpoons HPO_4^{2-} + H^+$	$PO_4^{3-} + H^+ \rightleftharpoons HPO_4^{2-}$
Neutralsäuren	**Neutralbasen**
$HCl \rightleftharpoons Cl^- + H^+$	$PH_3 + H^+ \rightleftharpoons PH_4^+$
$HClO_4 \rightleftharpoons ClO_4^- + H^+$	$H_2S + H^+ \rightleftharpoons H_3S^+$
Kationsäuren	**Kationbasen**
$NH_4^+ \rightleftharpoons NH_3 + H^+$	$[Al(H_2O)_5(OH)]^{2+} + H^+ \rightleftharpoons [Al(H_2O)_6]^{3+}$
$H_3O^+ \rightleftharpoons H_2O + H^+$	

Amphoterie

Ampholyte sind Verbindungen, die sowohl als Säure wie auch als Base reagieren können. Gegenüber starken Säuren verhalten sie sich als Basen, gegenüber starken Basen aber als Säuren. Typische amphotere Verbindungen oder Ionen sind daher unter den schwachen Säuren und Basen zu finden.

Amphotere Verbindungen und Ionen		
korrespondierende Base	**Ampholyt**	**korrespondierende Säure**
OH^-	H_2O	H_3O^+
NH_2^-	NH_3	NH_4^+
CO_3^{2-}	HCO_3^-	H_2CO_3
PO_4^{3-}	HPO_4^{2-}	$H_2PO_4^-$

pH-Wert-Berechnung

Beispiel: In wässriger **Essigsäurelösung** ist zwischen Essigsäuremolekülen HAc und Wassermolekülen H_2O ein Gleichgewicht realisiert:

$$HAc + H_2O \overset{H^+}{\rightleftharpoons} Ac^- + H_3O^+$$

Die Gleichgewichtskonzentration der Essigsäure betrage $c(HAc) = 10^{-1}\,mol\,l^{-1}$. Die Säurekonstante der Essigsäure ist $K_S = 1{,}8 \cdot 10^{-5}\,mol\,l^{-1}$. Das Massenwirkungsgesetz lautet:

$$K_s = \frac{c(Ac^-) \cdot c(H_3O^+)}{c(HAc)} = 1{,}8 \cdot 10^{-5}\,mol\,l^{-1}$$

Wenn 1 Acetat-Ion Ac^- gebildet wird, entsteht jeweils auch 1 H_3O^+-Ion. Da das Volumen der Lösung als konstant angesehen wird, gilt: $c(Ac^-) = c(HAc)$. Damit folgt für das MWG:

$c^2(H_3O^+) = K_S \cdot c(HAc)$

$c^2(H_3O^+) = 1{,}8 \cdot 10^{-5} \cdot 10^{-1}\ mol^2\ l^{-2} = 1{,}8 \cdot 10^{-6}\ mol^2\ l^{-2}$

$c(H_3O^+) = \sqrt{1{,}8 \cdot 10^{-6}\ mol^2\ l^{-2}} = 1{,}8 \cdot 10^{-3}\ mol\ l^{-1}$

$pH = -\log c(H_3O^+) = 2{,}8$

Eine wässrige Essigsäurelösung der Konzentration $c(HAc) = 10^{-1}$ mol l^{-1} besitzt einen pH-Wert von pH = 2,8.

1.7 Salze in wässriger Lösung

Salze (Abkürzung: MX) entstehen zum Beispiel durch Neutralisationsreaktion aus Säure (HX) und Base (MOH):
$HX + MOH \rightarrow MX + H_2O$

Namen von Säuren und ihren Salzen

Säure (HX)	**Salz** (X^-)	**Säure** (HX)	**Salz** (X^-)
Salzsäure	Chloride	Schwefelsäure	Sulfate
Schwefel-wasserstoff	Sulfide	salpetrige Säure	Nitrite
Phosphorsäure	Phosphate	Salpetersäure	Nitrate
Kohlensäure	Carbonate	Weinsäure	Tartrate
Essigsäure	Acetate	Ameisensäure	Formiate
Brenztrauben-säure	Pyruvate	Bernsteinsäure	Succinate
Kieselsäure	Silicate	Borsäure	Borate

Quantitative Neutralisation

Bei einer Säure-Base-Titration reagiert beispielsweise nur so viel Säure mit einer vorgelegten Base, „bis nichts übrig bleibt“. Die **Titrationsgleichung** lautet (↑ S. 152, $n = c \cdot V$, n Stoffmenge):

$$n(\text{Säure}) = n(\text{Base})$$

Im Wasser schwer lösliche Salze

Salze sind aus Ionen aufgebaut. In wässriger Lösung stellt sich folgendes Gleichgewicht ein:

$$\text{MX (s)} \rightleftharpoons \text{M}^+\text{(aq)} + \text{X}^-\text{(aq)}$$

Bei schwer löslichen Salzen liegt das Gleichgewicht stark auf der linken Seite. Die wässrige Lösung enthält relativ wenige Ionen. Man erkennt solche Lösungen am Bodensatz.

Einige schwer lösliche Salze

Salz	Formel	Salz	Formel
Silberchlorid	$AgCl$	Bariumsulfat	$BaSO_4$
Bleisulfat	$PbSO_4$	Silberchromat	Ag_2CrO_4
Quecksilbersulfid	HgS	Kupfersulfid	CuS

Massenwirkungsgesetz für das Lösungsgleichgewicht:

$$K_c = \frac{c(\text{M}^+) \cdot c(\text{X}^-)}{c(\text{MX})}$$

Löslichkeitsprodukt

Die Konzentration $c(\text{MX})$ des schwer löslichen Salzes in der Lösung ist klein und konstant und wird deshalb in die Gleichgewichtskonstante K_c mit einbezogen. So erhält man eine neue Konstante, das Löslichkeitsprodukt K_L:

$K_c \cdot c(MX) = \text{const.} = K_L$
es gilt: $pK_L = -\log K_L$

Je kleiner der Wert von K_L bzw. je größer pK_L ist, umso schlechter löslich ist das Salz.

Berechnung einer Ionenkonzentration

Beispiel: In einer gesättigten **Bleisulfidlösung** gilt: $c(Pb^{2+}) = c(S^{2-})$
Löslichkeitsprodukt des Bleisulfids:
$K_L = c(Pb^{2+}) \cdot c(S^{2-}) = c^2(Pb^{2+}) = 10^{-28}\,\text{mol}^2\,\text{l}^{-2}$
$c(Pb^{2+}) = 10^{-14}\,\text{mol}\,\text{l}^{-1}$

Löslichkeitsprodukte K_L einiger schwer löslicher Salze			
Salz	pK_L	**Salz**	pK_L
Ag_2S	49	$PbSO_4$	8
PbS	28	$BaSO_4$	10
HgS	54	$CaCO_3$	9
ZnS	25	$Fe(OH)_3$	40

Herstellung von Salzen

Bei der **Neutralisation** können Salze entstehen aus:
- starker Säure und schwacher Base oder
- starker Base und schwacher Säure oder
- starker Säure und starker Base oder
- schwacher Säure und schwacher Base

In allen diesen Fällen finden Protolysen zwischen Wassermolekülen und den Ionen des Salzes statt.
Beispiel: Natriumacetat ($H_3C{-}COO^-Na^+$, Abkürzung: Na^+Ac^-)

Berechnung des pH-Werts einer wässrigen Natriumacetatlösung

Beim Lösen des leicht löslichen Salzes Natriumacetat NaAc in Wasser findet eine Protolysereaktion mit Wassermolekülen statt. Die Wassermoleküle übernehmen hierbei die Funktion einer Säure (Protonendonator). Die Acetat-Ionen Ac^- binden die von H_2O-Molekülen abgegebenen Protonen H^+. Die Natrium-Ionen Na^+ bilden mit den OH^--Ionen *stark* dissoziiertes Natriumhydroxid (Natronlauge). Als Endprodukte entstehen *schwach* dissoziierte Essigsäuremoleküle HAc und ein Überschuss an OH^--Ionen – die Lösung reagiert basisch (↑ S. 160).

$$NaAc(s) + H_2O(l) \rightleftharpoons NaOH(aq) + HAc(aq)$$
$$NaOH(aq) \rightleftharpoons Na^+(aq) + OH^-(aq)$$
$$HAc(aq) \rightleftharpoons Ac^-(aq) + H^+(aq)$$

Eine Lösung, in der äquimolare Mengen Acetat und Essigsäure vorliegen, dient als Acetatpuffer (pH 4,76, ↑ S. 31):

0,1-molare wässrige Natriumacetatlösung
Konzentration $c(NaAc) = 10^{-1}\ mol\ l^{-1}$

① In wässriger NaAc-Lösung beeinflussen sich zwei Gleichgewichtsreaktionen nach dem Le-Chatelier-Prinzip (↑ S. 14):

	H_2O	$\rightleftharpoons$	$H^+ + OH^-$	K_w
H_2O +	Ac^-	$\rightleftharpoons$	HAc	K_s
Ac^- +	H_2O	$\rightleftharpoons$	$HAc + OH^-$	GR

② Acetat-Ionen üben so lang einen Zwang (Sog) auf Protonen aus dem Dissoziationsgleichgewicht des Wassers aus, bis die Konzentrationen der Protonen aus der Dissoziation der Essigsäure $c'(H^+)$ und der des Wassers $c(H^+)$ gleich groß sind.

$K_w = c(H^+) \cdot c(OH^-)$ | $K_S = \frac{c'(H^+) \cdot c(Ac^-)}{c(HAc)}$

$$c(H^+) = c'(H^+) \quad (1)$$

$$\frac{K_S \cdot c(HAc)}{c(Ac^-)} = \frac{K_w}{c(OH^-)} \quad (2)$$

3 Aus der Gesamtreaktion (GR) ist ersichtlich, dass die Konzentrationen der Essigsäuremoleküle $c(HAc)$ und der Hydroxid-Ionen $c(OH^-)$ im Gleichgewicht gleich sind. Wenn ein HAc-Molekül gebildet wird, entsteht auch ein OH^--Ion.

$$c(OH^-) = c(HAc) \quad (3)$$

Mit Aussage (3) lässt sich (2) wie folgt formulieren:

$$c^2(OH^-) = \frac{K_w}{K_S} \cdot c(Ac^-) \quad (4)$$

$$c^2(OH^-) = \frac{10^{-14}\,mol^2\,l^{-2}}{1{,}8 \cdot 10^{-5}\,mol\,l^{-1}} \cdot 10^{-1}\,mol\,l^{-1} \quad (5)$$

$$c(OH^-) = \sqrt{\frac{10^{-14}\,mol^2\,l^{-2}}{1{,}8 \cdot 10^{-5}\,mol\,l^{-1}} \cdot 10^{-1}\,mol\,l^{-1}} \quad (6)$$

$$c(OH^-) = 7{,}4 \cdot 10^{-6}\,mol\,l^{-1} \quad (7)$$

4 Mit dem Ionenprodukt des Wassers (↑ S. 19) errechnet sich daraus die Protonenkonzentration bzw. der pH-Wert.

$$c(H^+) = \frac{K_w}{c(OH^-)} \quad (8)$$

$$c(H^+) = \frac{10^{-14}\,mol^2\,l^{-2}}{7{,}4 \cdot 10^{-6}\,mol\,l^{-1}} = 1{,}34 \cdot 10^{-9}\,mol\,l^{-1} \quad (9)$$

pH = 8,8 (10)

1.8 Die Pufferung

Pufferlösungen

Pufferlösungen sind wässrige Lösungen schwacher Säuren oder schwacher Basen mit jeweils mindestens einem ihrer Salze.

Unter Pufferung versteht man zusammenwirkende Säure-Base-Reaktionen, die sich gegenseitig so beeinflussen, dass der pH-Wert trotz Zugabe einer starken Säure nahezu konstant bleibt. Voraussetzung für dieses Phänomen ist eine Pufferlösung.

Pufferlösungen sind in der Natur verbreitet. Die bekannteste Pufferlösung ist das Blut, dessen pH-Wert bei pH $\approx 7{,}4$ nahezu konstant ist. Eine Abweichung um 0,2 pH-Einheiten kann bereits tödlich sein. Zahlreiche Pflanzensäfte sind ebenfalls Pufferlösungen. Enzyme entfalten ihr Wirkungsoptimum in einem engen pH-Bereich.

In pH-Messgeräten verwendet man für Vergleichszwecke Pufferlösungen.

Einige Pufferlösungen

Pufferlösung	pH-Bereich
Essigsäure/Natriumacetat	2 bis 4
Ammoniak/Ammoniumchlorid	7 bis 9
Citronensäure/Natriumcitrat	5 bis 6
Borsäure/Borax	8 bis 9

Pufferlösungen binden zugesetzte Protonen in einem charakteristischen pH-Bereich. Die Anionen des Salzes fangen zugesetzte Protonen (z. B. von einer starken Säure) unter

Bildung schwach dissoziierter Säuremoleküle ab. Der pH-Wert einer Pufferlösung entspricht ungefähr dem pK_S-Wert der schwachen Säure des Puffersystems ($pH \approx pK_S$).

Beispiel: **Acetatpuffer**
Im Acetatpuffer stellt sich das Essigsäuregleichgewicht ein.

$$H_2O + HAc \rightleftharpoons H_3O^+ + Ac^-$$

Das Massenwirkungsgesetz lautet:

$$K_S = \frac{c(H_3O^+) \cdot c(Ac^-)}{c(HAc)}$$

Aufgelöst nach der Oxonium-Ionen-Konzentration:

$$c(H_3O^+) = K_S \cdot \frac{c(HAc)}{c(Ac^-)}$$

Wendet man die Definition des pH-Werts an, so ergibt sich die Puffergleichung (**Henderson-Hasselbach-Gleichung**):

$$pH = pK_S + \lg \frac{c(Ac^-)}{c(HAc)}$$

Die Protonen einer zugesetzten starken Säure üben einen Zwang auf das Essigsäuregleichgewicht aus (Le-Chatelier-Prinzip, ↑ S. 13/14), der dadurch abgebaut wird, dass Acetat-Ionen mit Protonen zu schwach dissoziierter Essigsäure reagieren (Rückreaktion). Dadurch sinkt der pH-Wert, trotz Zugabe einer starken Säure, nicht unter den pH-Wert der schwachen Essigsäure (↑ S. 24).

Gibt man dagegen eine geringe Menge an Base hinzu, setzt die überwiegend nicht protolysierte Essigsäure Protonen frei, um die OH^--Ionen zu neutralisieren. Das Gleichgewicht verschiebt sich nach rechts und der pH-Wert ändert sich ebenfalls kaum.

Die Konzentration an Acetat-Ionen bestimmt die Pufferkapazität.

2 Physikalische Chemie

Wichtige Definitionen

Elektrochemie	
Spannung oder Potenzialdifferenz: $U = E(2) - E(1) = \Delta E$	Formelzeichen: *U* Spannung, *E* Potenzial Einheit: Volt (V)
Stromstärke (Strom): $I = \frac{Q}{t}$	Formelzeichen: *I* Einheit: Ampère (A) Formelzeichen: *Q* elektrische Ladung, *t* Zeit
Elektrische Energie: $W(\text{el}) = U \cdot I \cdot t$	Formelzeichen: *W*(el) Einheiten: $1\,\text{W} \cdot \text{s} = 1\,\text{V} \cdot \text{A} \cdot \text{s} = 1\,\text{J} = 1\,\text{Nm}$
Elektrode: ein elektrischer Leiter, der im direkten Kontakt mit einem Elektrolyten steht	Zink mit Zinksulfatlösung
Nernst-Gleichung: $E = E(0) + \frac{0{,}059\,\text{V}}{z} \log \frac{c(\text{Ox})}{c(\text{Red})}$	Formelzeichen: *z* Ladungszahl, E(0) Normalpotenzial, *c*(Ox) Konzentration im oxidierten Zustand, *c*(Red) Konzentration im reduzierten Zustand ($\text{mol}\,\text{l}^{-1}$)
Faraday-Konstante: $F = N_A \cdot \text{e} = 96\,485\ \text{As} \cdot \text{mol}^{-1}$	Formelzeichen: *F* Einheit: $\text{As} \cdot \text{mol}^{-1}$ Formelzeichen: N_A Avogadro-Konstante, *e* Elementarladung

Thermodynamik chemischer Reaktionen	
Standardbedingungen: ■ **Standardtemperatur** ■ **Standarddruck**	 $T = 273{,}15$ K (Gase) $T = 298{,}15$ K (Energetik) $p = 1\,013$ hPa
Reaktionsenthalpie: Wärmetönung einer chemischen Reaktion	Formelzeichen: ΔH Einheit: kJ mol^{-1}
Wärme: $Q = c \cdot m \cdot \Delta \theta$	Formelzeichen: Q Einheit: Joule Formelzeichen: c spez. Wärmekapazität, m Masse, $\Delta \theta$ Temperaturdifferenz
Entropie: Maß für die „Unordnung" eines Systems	Formelzeichen: S Einheit: Joule mol^{-1} K^{-1}
freie Enthalpie: Gibbs-Energie	Formelzeichen: ΔG Einheit: kJ mol^{-1}
Gibbs-Helmholtz-Gleichung: $\Delta G_R^\circ = \Delta H_R^\circ - T\,\Delta S_R^\circ$	Triebkraft chemischer Reaktionen: $\Delta G_R^\circ < 0$: exergonisch $\Delta G_R^\circ > 0$: endergonisch
Satz von Hess: $\Delta H_R^\circ = \Sigma\,\Delta H^\circ$ (Produkte) – $\Sigma\,\Delta H^\circ$ (Edukte)	analog: $\Delta S_R^\circ = \Sigma\,\Delta S^\circ$ (Produkte) – $\Sigma\,\Delta S^\circ$ (Edukte)
Energiewandlung: ■ von chemischer in elektrische Energie ■ von elektrischer in chemische Energie	 Batterien · Brennstoffzelle Akkumulatoren · Elektrolyse

2.1 Elektrochemie und Spannungsreihe

Elektroden

Eine Elektrode ist ein elektrischer Leiter, der im direkten Kontakt mit einem Elektrolyten steht. An der Elektrode erfolgt der Übergang von Ladungsträgern (Elektronen oder Ionen) zwischen der festen Phase und dem Elektrolyten.

Die einfachsten Elektroden sind Metallelektroden, bei denen sich das Metall im Kontakt mit seinem im Wasser leicht löslichen Salz befindet.

Beispiele: Silber mit Silbernitratlösung, Kupfer mit Kupfer(II)-sulfatlösung, Eisen mit Eisen(III)-chloridlösung

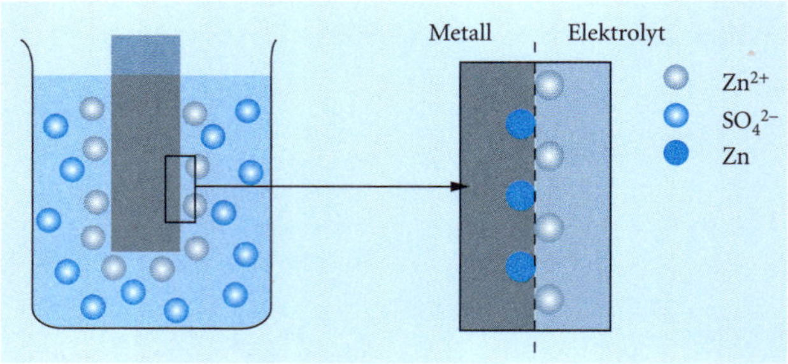

Zink/Zink(II)-Ionen-Elektrode. Vorstellung zur Lösungstension

Elektrochemisches Potenzial

Zwischen der Tendenz der Metalle Me(s), im Wasser sich aufzulösen (Lösungstension), und den bereits gelösten Ionen Me^{2+}(aq), sich abzuscheiden, stellt sich ein Gleichgewicht ein. Dieses Gleichgewicht hängt von der Art des Metalls (Stoffs) ab und ist die Ursache des elektrochemischen Potenzials *E*.

$Me(s) \rightleftharpoons Me^{2+}(aq) + 2\,e^-$
s: fest (solid), aq: in Wasser (aquious)

Taucht ein Metall in *seine* wässrige Metallsalzlösung ein, spricht man von einem **Halbelement** oder einer **Halbzelle**.

In jedem Halbelement liegt ein **Redoxsystem** vor, dessen Oxidations- und Reduktionsmittel sich im Gleichgewicht befinden, das nach dem Le-Chatelier-Prinzip (↑ S. 14) beeinflussbar ist.

Um verschiedene Metalle miteinander vergleichen zu können, hat man dem Wasserstoffpotenzial

$$\overset{\pm 0}{H_2}(g) \underset{}{\overset{Pt}{\rightleftharpoons}} 2\,\overset{I}{H}{}^+(aq) + 2\,e^-$$

das Potenzial $E(0) = 0{,}00\,V$ zugeordnet, wenn das Platinblech (Pt, Katalysator) in eine Salzsäurelösung der Konzentration $c(H^+) = 1\,mol\,l^{-1}$ eintaucht. Der Wasserstoffdruck muss $p(H_2) = 1\,013\,hPa$ betragen.

Ermittlung des Normalpotenzials: Liegt in der Salzlösung eines Halbelements $M \rightleftharpoons M^{n+} + n\,e^-$ die Ionenkonzentration $c(M^{n+}) = 1\,mol/l$ vor, dann misst man beim Vergleich der Redoxsysteme mit einer Normal-Wasserstoffelektrode das **Normalpotenzial** $E(0)$.

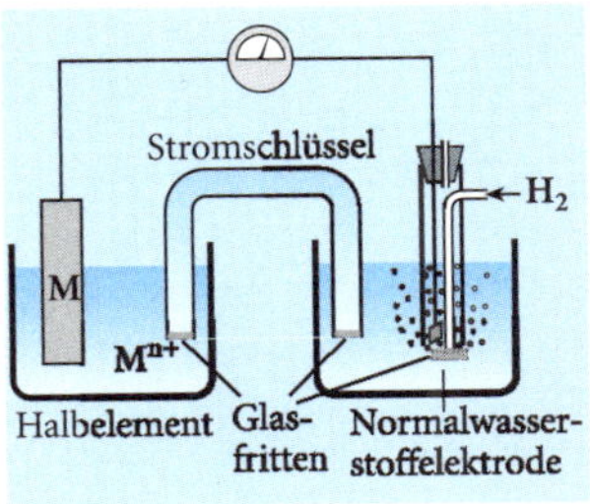

Messung eines Normalpotenzials $E(0)$.

Sortiert man die so ermittelten Normalpotenziale $E(0)$ nach ihrer Größe, erhält man die **Spannungsreihe** der Metalle.

Unedle Metalle haben ein negatives Normalpotenzial, sie sind Reduktionsmittel.

Edelmetalle besitzen ein positiveres Normalpotenzial.

Spannungsreihe der Metalle	
$M \rightleftharpoons M^{n+} + n\,e^-$	$E(0)$ V
$Na \rightleftharpoons Na^+ + e^-$	–2,71
$Al \rightleftharpoons Al^{3+} + 3\,e^-$	–1,69
$Mn \rightleftharpoons Mn^{2+} + 2\,e^-$	–1,18
$Zn \rightleftharpoons Zn^{2+} + 2\,e^-$	–0,76
$Fe \rightleftharpoons Fe^{2+} + 2\,e^-$	–0,44
$Pb \rightleftharpoons Pb^{2+} + 2\,e^-$	–0,13
$H_2 \rightleftharpoons 2\,H^+ + 2\,e^-$	0,00
$Cu \rightleftharpoons Cu^{2+} + 2\,e^-$	+0,35
$Ag \rightleftharpoons Ag^+ + e^-$	+0,81
$Pt \rightleftharpoons Pt^{2+} + 2\,e^-$	+1,20
$Au \rightleftharpoons Au^{2+} + 2\,e^-$	+1,50

2.2 Elektrochemische Elemente

Das galvanische Element

In einem galvanischen Element wandern Elektronen vom unedleren zum edleren (positiveren) Metall. Dieses Phänomen ist nach L. Galvani (1737–1798) benannt, der durch den „Froschschenkelversuch“ bekannt wurde.

Erzeugung einer Spannung

Schaltet man zwei unterschiedliche Halbelemente in einem Stromkreis leitend zusammen, erhält man ein **galvanisches Element** (↑ S. 35).
Dabei ist darauf zu achten, dass nicht nur die Metallbleche (Elektroden) leitend verbunden werden, sondern auch die Salzlösungen (Stromschlüssel, Salzbrücke).

Das Daniell-Element

Ein Element, das aus einem Kupferhalbelement (Cu/Cu^{2+}) und einem Zinkhalbelement (Zn/Zn^{2+}) besteht, ist nach dem englischen Chemiker J. F. Daniell benannt, der 1836 ein solches Element leitend zusammenschaltete.

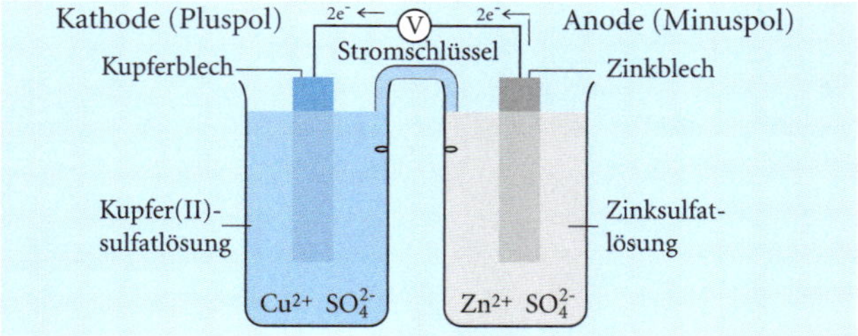

Daniell-Element aus Kupfer- und Zinkhalbelement.

$$Cu(s) \rightleftharpoons Cu^{2+}(aq) + 2\,e^- \;\Big|\; Zn(s) \rightleftharpoons Zn^{2+}(aq) + 2\,e^-$$

Spannung eines Daniell-Elements: Betragen die Ionenkonzentrationen in beiden Halbelementen jeweils 1 mol l^{-1}, also die Kupferionenkonzentration im Kupferhalbelement $c(Cu^{2+}) = 1\ mol\ l^{-1}$ und die Zinkionenkonzentration $c(Zn^{2+}) = 1\ mol\ l^{-1}$ im Zinkhalbelement, dann ergibt sich eine Spannung von: $U = E(0)$ (Kathode) – $E(0)$ (Anode).

$U = 0{,}35\ V - (-0{,}76\ V) = 1{,}11\ V$

Zinkhalbelement: Im Zinkhalbelement liegt das Gleichgewicht auf der rechten Seite, Elektronen wandern vom Zink zum Kupfer (Redoxreaktion!), es bilden sich Zn^{2+}-Ionen.

Kupferhalbelement: Im Kupferhalbelement liegt das Gleichgewicht auf der linken Seite, Cu^{2+}-Ionen werden als elementares Kupfer abgeschieden.

$$\overset{+II}{Cu^{2+}}(aq) + \overset{\pm 0}{Zn}(s) \rightarrow \overset{\pm 0}{Cu}(s) + \overset{+II}{Zn^{2+}}(aq)$$

Die Nernst-Gleichung

Die 1889 von W. H. Nernst abgeleitete, nach ihm benannte Gleichung beschreibt die Abhängigkeit des elektrochemischen Potenzials einer Elektrode von der Konzentration ihrer Ionen in der Lösung. Die Nernst-Gleichung ermöglicht die Berechnung des Redoxpotenzials einer Halbzelle sowie der Spannung U einer galvanischen Zelle.

Definition der Nernst-Gleichung

Für das Redoxpaar $\mathrm{Ox} + n\,\mathrm{e}^- \rightleftharpoons$ Red lautet die Nernst-Gleichung in ihrer allgemeinen Form:

$$E = E(0) + \frac{0{,}059\ \mathrm{V}}{z} \log \frac{c(\mathrm{Ox})}{c(\mathrm{Red})}$$

$E(0)$ Normalpotenzial, $c(\mathrm{Ox})$ bzw. $c(\mathrm{Red})$ Konzentration der Teilchen im oxidierten bzw. reduzierten Zustand (mol l^{-1}), z Anzahl der Elektronen, die pro Formelumsatz bei der Redoxreaktion ausgetauscht werden.

Bei Metallhalbzellen ist die Konzentration des Metalls in der Elektrode konstant: $c(\mathrm{Red})$ = const. und wird rechnerisch deshalb „1“ gesetzt. Somit beträgt das Potenzial E eines Metalls Me nach Nernst:

$$E = E(0) + \frac{0{,}059\ \mathrm{V}}{z} \log c\,(\mathrm{M}^{z+})$$

Vergleich Redoxreaktionen/Säure-Base-Reaktionen

	Redoxreaktionen	Säure-Base-Reaktionen
Übertragung von	Elektronen	Protonen
Donorstärke	Potenzial E bzw. $E(0)$	pH bzw. $\mathrm{p}K_\mathrm{S}$
Gleichung	Nernst $E = E(0) + \frac{0{,}059\ \mathrm{V}}{z} \log \frac{c(\mathrm{Ox})}{c(\mathrm{Red})}$	Puffergleichung $\mathrm{pH} = \mathrm{p}K_\mathrm{s} + \log \frac{c(\mathrm{Ac}^-)}{c(\mathrm{HAc})}$

Beispielrechnung für die Zellspannung eines Daniell-Elements

Die Ionenkonzentrationen in den Halbzellen des Daniell-Elements (↑ S. 37) betragen: Kupfer-Ionen $c(Cu^{2+}) = 2\,mol\,l^{-1}$, Zink-Ionen $c(Zn^{2+}) = 10^{-2}\,mol\,l^{-1}$. Wie groß ist die Zellspannung?

Die Reihenfolge der Grenzflächen | und Lösungen innerhalb eines Daniell-Elements von links nach rechts geschrieben, ergibt:

$$Cu \;\Big|\; c(Cu^{2+}) = 2\,mol\,l^{-1} \;\Big|\; \begin{matrix}\text{Strom-}\\ \text{schlüssel}\end{matrix} \;\Big|\; c(Zn^{2+}) = 10^{-2}\,mol\,l^{-1} \;\Big|\; Zn$$

Die Gleichgewichtsreaktionen an den jeweiligen Elektrodenoberflächen lauten:

$$\overset{+II}{Cu}{}^{2+}(aq) + 2e^- \rightleftharpoons \overset{\pm 0}{Cu}(s) \;|\; \overset{\pm 0}{Zn}(s) \rightleftharpoons \overset{+II}{Zn}{}^{2+}(aq) + 2e^-$$

Die dazugehörigen Nernst-Gleichungen heißen:

$$E(Cu) = 0{,}35\,V + \frac{0{,}059\,V}{2}\log 2 \;|\; E(Zn) = -0{,}76\,V + \frac{0{,}059\,V}{2}\log 10^{-2}$$

$$E(Cu) = 0{,}3588\,V \;|\; E(Zn) = -0{,}819\,V$$

Die Zellspannung berechnet sich zu:

$U = \Delta E = 1{,}1778\,V$

Die Spannung des Daniell-Elements verändert sich, wenn die Ionenkonzentrationen in den Halbzellen nicht $c = 1\,mol\,l^{-1}$ betragen. Je höher die Cu^{2+}- und je niedriger die Zn^{2+}-Konzentrationen sind, umso größer ist die Spannung.
Nehmen die Ionenkonzentrationen zu stark ab, liefert das Element weniger Energie.

Das Hauptanwendungsgebiet galvanischer Elemente besteht in der Umwandlung von chemischer in elektrische Energie durch die elektrochemische Zellreaktion.

2.3 Korrosion

Unerwünschte Redoxreaktionen

Unter **Korrosion** versteht man die Zerstörung eines Metalls durch chemische Reaktionen.

Insbesondere tritt Korrosion dann auf, wenn zwei verschiedene Metalle leitend verbunden sind. Häufig wirken auch Sauerstoff und/oder Wasser auf Werkstoffe ein, die bei Anwesenheit eines unedlen Metalls zu Hydroxid-Ionen OH^- reagieren:

$$\overset{\pm 0}{O_2}(g) + 2\,H_2O(l) + 4\,e^- \rightarrow 4\,\overset{-II}{O}H^-(aq)$$

Im Fall des unedlen Eisens ($E(0) = -0{,}44$ V) bildet sich Rost FeO(OH):

$$4\,\overset{\pm 0}{Fe}(s) + 3\,\overset{\pm 0}{O_2}(g) + 2\,H_2O \rightarrow 4\,\overset{+III}{Fe}\overset{-II}{O}(OH)$$

Lokalelement

Verletzt man die Haut eines verkupferten Eisenblechs, löst sich Eisen als negativeres Redoxsystem auf (gibt Elektronen ab)

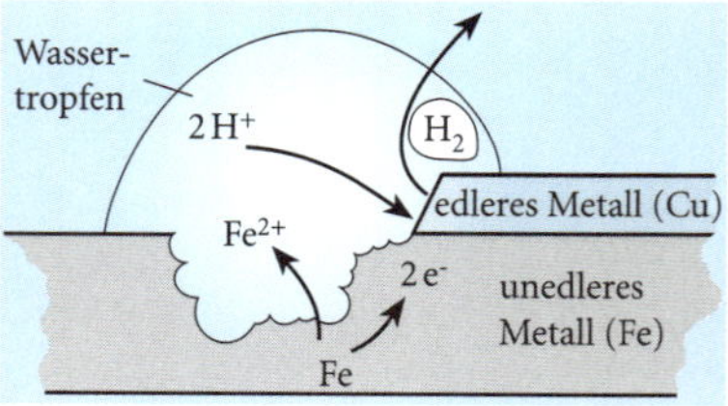

Eisen-Kupfer-Lokalelement

$$\overset{\pm 0}{Fe}(s) \rightarrow \overset{+II}{Fe}{}^{2+}(aq) + 2\,e^-$$

und es entsteht Wasserstoff:

$$2\,\overset{+I}{H_3}O^+(aq) + 2\,e^- \rightarrow \overset{\pm 0}{H_2}(g) + 2\,H_2O(l)$$

Beim Eisen-Zink-Halbelement löst sich das Zink als negativeres Redoxsystem auf (z. B. bei verzinkten Autokarossen) und beim Eisen-Zinn-Halbelement besitzt wieder das Eisen das negativere Redoxsystem, das sich auflöst (Weißblech, Konservendosen). Zinn besitzt ein Normalpotenzial von

$$\overset{\pm 0}{Sn}(s) \rightleftharpoons \overset{+II}{Sn}^{2+}(aq) + 2\,e^-;\, E(0) = -0{,}15\,V$$

Neben Anstrichen und Überzügen ist die leitende Verbindung eines zu schützenden Metalls mit einem unedlen Metall (**Opferanode**) ein sehr wirksamer Korrosionsschutz. Unterirdische Heizöltanks werden so mit Magnesiumlegierungen vor Korrosion geschützt.

2.4 Akkumulatoren

Akkumulatoren sind im Gegensatz zu einfachen Batterien wiederaufladbare Energiesammler.

Der Bleiakkumulator

$U = \Delta E = 1{,}685\,V - (-0{,}355\,V) = 2{,}04\,V$

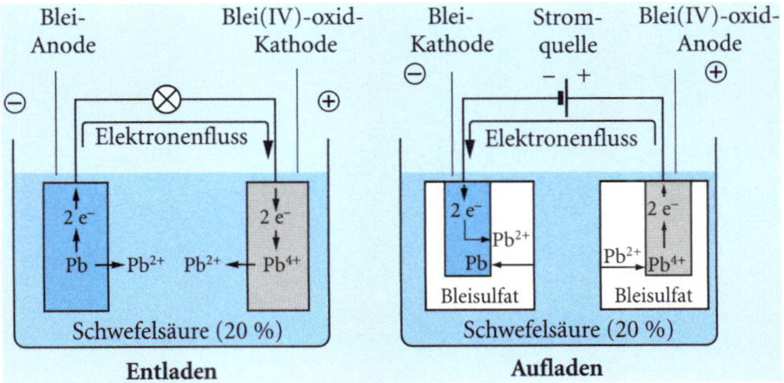

Entlade- und Aufladevorgänge im Blei-Akku

Der Bleiakkumulator besteht aus einer Bleielektrode und einer Bleidioxidelektrode. Die Potenzialdifferenz beträgt 2,04 V.

Elektrodenreaktionen:

Minuspol:

$$\overset{\pm 0}{Pb}(s) \rightleftharpoons \overset{+II}{Pb}{}^{2+}(aq) + 2\,e^-; \qquad E(0) = -0{,}355\,V$$

Pluspol:

$$\overset{+IV}{Pb}O_2(s) + H_2SO_4(l) + 2\,e^- + 2\,H^+(aq) \rightleftharpoons \overset{+II}{Pb}SO_4(s) + 2\,H_2O(l); \qquad E(0) = 1{,}685\,V$$

Gesamtreaktion:

$$\overset{\pm 0}{Pb} + \overset{+IV}{Pb}O_2 + 2\,H_2SO_4 \underset{\text{Aufladung}}{\overset{\text{Entladung}}{\rightleftharpoons}} 2\,\overset{+II}{Pb}SO_4 + 2\,H_2O$$

Der Nickel-Cadmium-Akkumulator

Elektrodenreaktionen:

Minuspol:

$$\overset{\pm 0}{Cd}(s) + 2\,OH^-(aq) \rightleftharpoons \overset{+II}{Cd}(OH)_2(s) + 2\,e^-; \qquad E(1)$$

Pluspol:

$$2\,\overset{+III}{Ni}O(OH)(s) + 2\,H_2O(l) + 2e^- \rightleftharpoons 2\,\overset{+II}{Ni}(OH)_2(s) + 2\,OH^-(aq); \quad E(2)$$

Gesamtreaktion:

$$\overset{\pm 0}{Cd}(s) + 2\,\overset{+III}{Ni}O(OH)(s) + 2\,H_2O(l) \underset{\text{Aufladung}}{\overset{\text{Entladung}}{\rightleftharpoons}} Cd(OH)_2(s) + 2\,\overset{+II}{Ni}(OH)_2(s)$$

$$U = \Delta E = E(2) - E(1) = 0{,}49\,V + 0{,}81\,V = 1{,}3\,V$$

Als Elektrolyt verwendet man Kaliumhydroxidlösung. Der Nickel-Cadmium-Akkumulator ist besonders für tragbare elektronische Geräte geeignet, da beim Aufladen keine Gase entstehen.

2.5 Batterien

2

Das Trockenelement

Das Trockenelement ist auch unter dem Namen Leclanché-Element bekannt. Seine Nennspannung beträgt 1,5 V. Verwendet man Kaliumhydroxid als Elektrolyt, kann die Redoxreaktion auch umkehrbar (aufladbar) geführt werden (Alkaline).

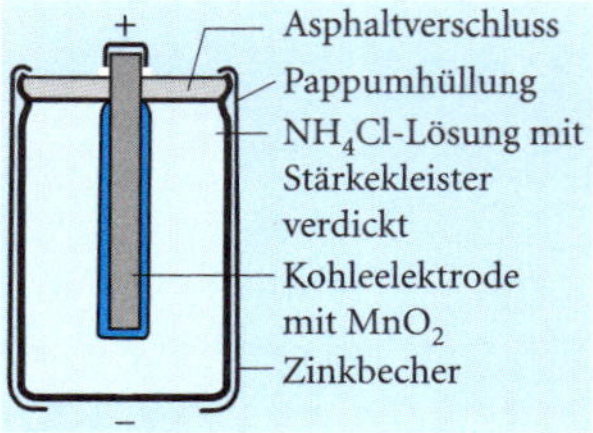

Aufbau eines Trockenelementes

Elektrodenreaktionen:

Minuspol:

$$\overset{\pm 0}{Zn}(s) \rightarrow \overset{+II}{Zn}{}^{2+}(aq) + 2\,e^-$$

Pluspol:

$$2\,\overset{+IV}{MnO_2}(s) + 2\,NH_4^+(l) + 2\,e^- \rightarrow 2\,\overset{+III}{MnO(OH)}(s) + 2\,NH_3(g)$$

Gesamtreaktion:

$$2\,MnO_2(s) + 2\,NH_4^+(l) + Zn(s) \rightarrow Zn^{2+}(aq) + 2\,MnO(OH) + 2\,NH_3(g)$$

Die Knopfzelle

Silberoxid-Knopfzelle: Die Kathode besteht aus Silber(I)-oxid (Ag_2O), die negative Elektrode (Anode) ist ein Zinkkontakt. Als Elektrolyt dient Kaliumhydroxid. Verwendet wird sie für besonders kleine Geräte, z. B. für Taschenrechner, Digitaluhren, Hörgeräte und Fotoapparate. Die Spannung liegt zwischen 1,35 und 3,6 V.

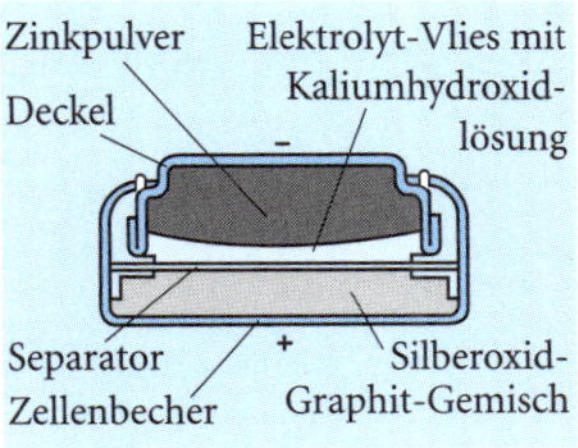

Aufbau einer Knopfzelle

Elektrodenreaktionen:

Minuspol:

$$\overset{\pm 0}{Zn}(s) \rightleftharpoons \overset{+II}{Zn}{}^{2+}(s) + 2\,e^-$$

Pluspol:

$$\overset{+I}{Ag}_2O(s) + H_2O(l) + 2\,e^- \rightleftharpoons 2\,\overset{\pm 0}{Ag}(s) + 2\,OH^-(s)$$

Gesamtreaktion:

$$Zn(s) + Ag_2O(s) + H_2O(l) \rightleftharpoons 2\,Ag(s) + Zn(OH)_2(s)$$

2.6 Die Brennstoffzelle

Die Brennstoffzelle liefert eine Spannung von maximal 1,23 V. Dazu werden in einen Elektrolyten von außen Wasserstoff und Sauerstoff bei Anwesenheit von Platin oder Palladium als Katalysator gegen Elektroden geleitet. Dabei entsteht Wasser.

$H_2(g)$ (Ni/Pd) | 30%ige Kalilauge KOH(l) | (Pd/Ni) $O_2(g)$

Elektrodenreaktionen:

Minuspol:

$$2\,H_2(g) \rightleftharpoons 4\,H$$

$$4\,\overset{\pm 0}{H} + 4\,H_2O(l) \rightleftharpoons 4\,\overset{+I}{H}_3O^+(aq) + 4\,e^-$$

Pluspol:

$$2\,H_2O(l) + \overset{\pm 0}{O}_2(g) + 4\,e^- \rightleftharpoons 4\,\overset{-II}{O}H^-(aq)$$

Gesamtreaktion:

$$2\,H_2(g) + O_2(g) \rightleftharpoons H_2O\,(l)$$

Brennstoffzellen werden bereits von verschiedenen Herstellern in PKWs und Bussen versuchsweise eingesetzt. Zur Wasserstofferzeugung in der Brennstoffzelle können auch Methan, Ammoniak, Methanol, Ethanol u. a. verwendet werden.

2.7 Elektrolyse

Erzwungene chemische Reaktionen

Die Umkehr der in einem galvanischen Element freiwillig ablaufenden elektrochemischen Reaktionen wird bei der **Elektrolyse** durch elektrische Energie erzwungen. Elektrische Energie (Strom) wird in chemische Energie (Stoffe) umgewandelt.

Es ist energetisch leichter, Wasserdipole an den Elektroden zu zersetzen, als Ionen zu entladen. Deshalb finden in wässriger Lösung auch folgende Reaktionen statt:

Elektrodenreaktionen:

Minuspol (Kathode):

$$2\,\overset{+I}{H}_2O(l) + 2\,e^- \rightarrow \overset{\pm 0}{H}_2(g) + 2\,OH^-(aq)$$

Pluspol (Anode):

$$6\,H_2\overset{-II}{O}(l) \rightarrow 4\,H_3O^+(aq) + \overset{\pm 0}{O}_2(g) + 4\,e^-$$

Aufgepasst: Ideales Verhalten vorausgesetzt, nimmt die Stoffmenge $n = 1\,mol$ eines jeden Gases ($m(O_2) = 32\,g$ bzw. $m(H_2) = 2\,g$) unter Normbedingungen für Gase ($T = 273\,K$, $p = 1\,013\,hPa$) das Volumen von $V_{mol} = 22{,}4\,l$ ein.

Da außer der Energie noch andere Faktoren für die Abscheidung wichtig sind (Temperatur, Konzentration, Spannung, Stromstärke u. a.), läuft häufig die Abscheidung von positiv geladenen Metall-Ionen an der Katode parallel ab. Allgemein kann man formulieren:

$Me^{z+}(aq) + z\,e^- \rightarrow Me(s)$

Das Faraday-Gesetz

Während einer Elektrolyse verringern sich die Konzentrationen der beteiligten elektrochemisch umgesetzten Stoffe in den beiden Halbzellen. Die quantitativen Beziehungen zwischen der geflossenen Ladungsmenge und den umgesetzten Produkten leitete M. Faraday ab.

1. Faraday-Gesetz

Die Stoffmenge eines Reaktionsprodukts $n(\mathrm{B})$ ist proportional zur geflossenen Ladungsmenge Q.
$Q = I \cdot t = z \cdot F \cdot n(\mathrm{B})$
I Stromstärke, t Zeit

Die **Faraday-Konstante** F entspricht der Ladung von N_A Elektronen, d. h., sie gibt die Ladung an, die man benötigt, um N_A einfach geladene Ionen abzuscheiden:
$F = N_A \cdot e = 96\,485\ \mathrm{As\,mol^{-1}}$
($N_A = 6{,}022 \cdot 10^{23}\ \mathrm{mol^{-1}}$; $e = 1{,}602 \cdot 10^{-19}\ \mathrm{As}$)

Abgeschiedene Masse: Von der Ladung $N_A \cdot e = F$ wird die Masse $m(\mathrm{r})/z$ – gemessen in Gramm (g) – abgeschieden ($m(\mathrm{r})$ relative Atommasse).
$6{,}022 \cdot 10^{23} \cdot 1\ \mathrm{u} = 1\ \mathrm{g}$, oder $1\ \mathrm{u} = 1{,}66 \cdot 10^{-24}\ \mathrm{g}$

Beispiel: Wenn der Strom $I = 1\ \mathrm{A}$ die Zeit $t = 96\,485\ \mathrm{s}$ lang fließt, wird die Masse von $m(\mathrm{Ag}) = 107{,}8\ \mathrm{g}$ Silber abgeschieden (↑ S. 177), da 1 Ag^+-Ion die Masse von $m(\mathrm{Ag}) = 107{,}8\ \mathrm{u}$ besitzt ($z = 1$).

2.8 Energetik

Bei allen chemischen Reaktionen wird Energie aufgenommen oder abgegeben. In Übereinstimmung mit der Energieerhaltung kann dabei Energie weder erzeugt noch zerstört, sondern nur in eine andere Form umgewandelt werden.

Enthalpie: Die Größe der Enthalpie H hängt nur vom Anfangs- und Endzustand ab. Wenn außer Volumenarbeit $p \cdot \Delta V$ keine andere Arbeit verrichtet wird, ist die Enthalpieänderung gleich der zu- oder abgeführten Wärme Q. Die **Standardbildungsenthalpie** ΔH_f° ist zur Bildung einer Verbindung aus ihren Elementen erforderlich. Sie ist in der Einheit kJ/mol tabelliert. Die Enthalpie der Elemente wird unter Standardbedingungen ($T = 298$ K, $p = 1\,013$ hPa) definitionsgemäß null gesetzt! Unter **Reaktionsenthalpie** ΔH_R° versteht man die Enthalpieänderung einer chemischen Reaktion.

Entropie: Die Entropie S ist ein Maß für die „Unordnung" des Systems. Sie hängt stark von der Anzahl der reagierenden Teilchen ab. Die **Standardentropie** $S°$ ist in der Einheit J/(mol K) tabelliert.

Aufgepasst: Die Entropie der Elemente ist unter Standardbedingungen nicht null!

Unter **Reaktionsentropie** versteht man die Entropieänderung ΔS_R° einer chemischen Reaktion.

Freie Enthalpie: Die freie Enthalpie ΔG (**Gibbs-Energie**) nach J. W. Gibbs gibt den Teil der Enthalpieänderung ΔH_R an, der bei einer reversiblen chemischen Reaktion zur Verrichtung von Arbeit genutzt werden kann. Man bezeichnet diese Energie auch als **freie Reaktionsenthalpie** ΔG_R°.

Definition der Gibbs-Helmholtz-Gleichung

Die Gibbs-Helmholtz-Gleichung, die nach J. W. Gibbs (1839–1903) und H. L. F. Helmholtz (1821–1894) benannt ist, beschreibt den energetischen Verlauf chemischer Reaktionen durch die Änderung der *freien Reaktionsenthalpie* ΔG_R°, der Reaktionsenthalpie ΔH_R° und der Reaktionsentropie ΔS_R°:

$$\Delta G_R^\circ = \Delta H_R^\circ - T \Delta S_R^\circ$$

Standardtemperatur $T = 298{,}15\ \mathrm{K}$, entspricht $25\ °\mathrm{C}$.

Die freie Reaktionsenthalpie ΔG_R° gibt den Energiebetrag an, über den man bei einer chemischen Reaktion frei verfügen kann.
Für die freie Enthalpie kann ebenso wie für die Enthalpie kein absoluter Bezugswert angegeben werden, sondern immer nur die Änderung ΔG_R. Ihr Wert ist vom Weg unabhängig:

$$\Delta G_R^\circ = \Sigma \Delta G^\circ (\text{Produkte}) - \Sigma \Delta G^\circ (\text{Edukte})$$

Exergonische und endergonische Reaktionen

ΔG_R ist gleichsam die Triebkraft einer chemischen Reaktion. Eine exergonische Reaktion, d. h. eine solche, die unter Standardbedingungen spontan bzw. freiwillig abläuft, ist durch einen negativen Wert von ΔG_R gekennzeichnet.

Eine Reaktion ist
- **exergonisch,** wenn $\Delta G_R^\circ < 0$ (negativ) ist
- **endergonisch,** wenn $\Delta G_R^\circ > 0$ (positiv) ist

Verbrennungen wie die Reaktion von Wasserstoff und Sauerstoff zu Wasser verlaufen – nach einer Aktivierung – exergonisch ($\Delta G_R = -474{,}42\ \mathrm{kJ\ mol^{-1}}$). Bei dieser Reaktion kann Arbeit geleistet werden (Brennstoffzelle).
Endergonische Reaktionen wie Elektrolysen können durch Arbeit erzwungen werden.

Die Wärmetönung chemischer Reaktionen

Eine Reaktion verläuft

- **exotherm**, wenn Wärme frei wird, d. h. $\Delta H_R < 0$ ist;
- **endotherm**, wenn Wärme aus der Umgebung aufgenommen wird, $\Delta H_R > 0$ ist.

Die meisten exothermen Reaktionen verlaufen exergonisch. Es gibt jedoch auch exergonische Reaktionen, die endotherm sind.

Die Reaktion von Wasserdampf mit Kohle startet oberhalb 1 500 °C von selbst. Der positive ΔH-Wert (+130,8 kJ mol^{-1}) wird durch eine Entropiezunahme (mehr Teilchen im Gaszustand), d. h. einen hohen Wert für $T \Delta S$, überkompensiert.

2

Die Entropie chemischer Reaktionen

Der 2. Hauptsatz der Thermodynamik schränkt die Anzahl der vielfältigen Vorgänge ein, die nach dem 1. Hauptsatz (Energieprinzip) möglich wären, indem er durch die Entropieänderung die Richtung der Vorgänge festlegt.
In *abgeschlossenen Systemen* sind nur solche Vorgänge möglich, in denen die Entropie *nicht* abnimmt, sie kann nur gleich bleiben (im Gleichgewichtszustand, denn hier hat sie schon den größten Wert) oder zunehmen. Anschaulich betrachtet, ist die Entropie S im abgeschlossenen System ein Maß für die „Unordnung".

Freie Reaktionsenthalpie im Gleichgewicht

Im Gleichgewichtszustand (↑ S. 10) nimmt die freie Reaktionsenthalpie ΔG_R° nach Gibbs den Wert null an:

$$\Delta G_R^\circ = \Delta H_R^\circ - T \Delta S_R^\circ = 0$$

Die Gleichgewichtstemperatur T ist dann gleich dem Quotienten aus Reaktionsenthalpie ΔH_R° und -entropie ΔS_R°.

$$T = \frac{\Delta H_R^\circ}{\Delta S_R^\circ}$$

Der Satz von Hess

Auf der Grundlage des Wärmesummensatzes von G. H. Hess können die Standardwerte für die Reaktionsenthalpie und -entropie ermittelt werden. Sie dienen zur Berechnung der freien Reaktionsenthalpie nach der Gibbs-Helmholtz-Gleichung.

Bildungsenthalpie und Reaktionsenthalpie

Wärmesummensatz: Die von einem chemischen System aufgenommene oder abgegebene Wärmemenge ist unabhängig vom Weg der Reaktion. Die Änderung der Reaktionsenthalpie ΔH_R° berechnet man nach dem **Satz von Hess** (1802–1850) aus der Summe der Bildungsenthalpien der Produkte minus der Summe der Bildungsenthalpien der Ausgangsstoffe (Edukte).

Bezogen auf die allgemeine Reaktionsgleichung (↑ S. 9)

$$\alpha A + \beta B \rightleftharpoons \gamma C + \delta D$$

lautet der Satz von Hess:

$$\Delta H_R^\circ = \Sigma [\gamma H_f^\circ(C) + \delta H_f^\circ(D)] - \Sigma [\alpha H_f^\circ(A) + \beta H_f^\circ(B)]$$

oder: $\Delta H_R^\circ = \Sigma [H_f^\circ(\text{Produkte})] - \Sigma [H_f^\circ(\text{Edukte})]$

Standardenthalpiewerte chemischer Verbindungen sind stets in der Einheit $kJ\,mol^{-1}$ tabelliert. Die Standardenthalpien der Elemente sind gleich null.

Analoge Berechnung der Reaktionsentropie

$$\Delta S_R^\circ = \Sigma [\Delta S^\circ(\text{Produkte})] - \Sigma [\Delta S^\circ(\text{Edukte})]$$

Die Standardentropien sind in der Einheit $J\,mol^{-1}\,K^{-1}$ tabelliert!

Aufgepasst: Die Standardentropien der Elemente sind *nicht* null.

Chemische und elektrische Energie

Für die gegenseitige Überführung von chemischer Energie ΔH_R° und elektrischer Energie ΔG_R° gilt:

$$-z \cdot \Delta E \cdot F = \Delta H_R^\circ - T \cdot \Delta S_R^\circ = \Delta G_R^\circ.$$

Beispiel: Die Gesamtreaktion im Bleiakkumulator lautet:
$Pb(s) + PbO_2(s) + 2\,H_2SO_4(aq) \rightarrow 2\,PbSO_4(s) + 2\,H_2O(aq)$

Reaktionsenthalpien und -entropien der Reaktanten		
Reaktant	ΔH_R° (kJ mol^{-1})	ΔS_R° (kJ mol^{-1} K^{-1})
$PbSO_4$	–920	+149
H_2O	–286	+70
H_2SO_4	–814	+157
PbO_2	–277	+76
Pb	0	+65

1) Berechnung der freien Enthalpie ΔG_R° nach Gibbs-Helmholtz mithilfe der Tabellenwerte:

$$\Delta H_R^\circ = [2 \cdot (-920) + 2 \cdot (-286)] - [2 \cdot (-814) + (-277) + 0]$$
$$= [-2412] - [-1905] = -507 \text{ kJ mol}^{-1}$$

$$\Delta S_R^\circ = [2 \cdot (149) + 2 \cdot (70)] - [2 \cdot (157) + 76 + 65]$$
$$= [438] - [455] = -17 \cdot 10^{-3} \text{ kJ mol}^{-1} \text{ K}^{-1}$$

$$\Delta G_R^\circ = \Delta H_R^\circ - T \Delta S_R^\circ = -501 \text{ kJ mol}^{-1}$$

2) Mit der Faraday-Konstante F und $z = 2$ ergibt sich mithilfe $\Delta G_R^\circ = -z \cdot \Delta E \cdot F$
für den Bleiakkumulator die Spannung $\Delta E = 2{,}6$ V.

3 Atombau und chemische Bindung

Wichtige Definitionen

Elektron und Photon	
Elektron	$e = 1{,}602 \cdot 10^{-19}$ As
plancksches Wirkungsquantum	$h = 6{,}626 \cdot 10^{-34}$ Js
Energie eines Photons: $E = h \cdot \nu$	Formelzeichen: E Energie, ν Frequenz
Atombau	
Hauptquantenzahl	$n = 1, 2, 3, \ldots$
Nebenquantenzahl	$0 \leq l \leq l(\max)$; $l(\max) = n - 1$
magnetische Quantenzahl **Spinquantenzahl**	$-l(\max) \leq m \leq +l(\max)$ $s = \frac{1}{2}$; $s = -\frac{1}{2}$
Atomorbitale: ■ s-Orbital ■ p-Orbital ■ d-Orbital	 $l = 0, m = 0$ $l = 1, m = -1, 0, 1$ $l = 2, m = -2, -1, 0, 1, 2$
chemische Bindung: ■ Elektronenpaarbindung ■ Metallbindung ■ Ionenbindung **zwischenmolekulare Kräfte:** ■ Wasserstoffbrückenbindung ■ Van-der-Waals-Kräfte	 gemeinsames Elektronenpaar „Elektronengas“ Ionengitter

3.1 Quantenzahlen und Pauli-Prinzip

Freie Elektronen können jeden beliebigen Energiebetrag aufnehmen. In der Atomhülle ist ihre Energie allerdings gequantelt. Man beschreibt ihre Energie mithilfe der **vier Quantenzahlen** n, l, m und s und kann die Elektronenzustände dadurch unterscheiden. Die **Hauptquantenzahl** n beschreibt die Hauptenergiestufe und entspricht der Elektronenschale des bohrschen Atommodells. Die **Nebenquantenzahl** l ist im Orbitalmodell ein Maß für die Orbitalgeometrie. Die **magnetische Quantenzahl** m charakterisiert die Orientierung der Orbitale im Raum. Die **Spinquantenzahl** s symbolisiert den Spinzustand des Elektrons, der nur die Werte $+\frac{1}{2}$ und $-\frac{1}{2}$ annehmen kann. Die ganzzahligen Werte für die Nebenquantenzahl l und die magnetische Quantenzahl m sind bei bekannter Hauptquantenzahl n quantentheoretisch begründet (↑ S. 52).

Zur Vereinfachung werden für die Nebenquantenzahl Abkürzungen verwendet.

Abkürzungen für die Nebenquantenzahl

Nebenquantenzahl	Abkürzung	Nebenquantenzahl	Abkürzung
$l = 0$	s-	$l = 2$	d-
$l = 1$	p-	$l = 3$	f-

Das Pauli-Prinzip

▶ **Elektronenunterscheidung:** Es gibt im Atom nie zwei (oder mehr) Elektronen mit gleichen Quantenzahlen. Alle Elektronen in der Atomhülle müssen sich in mindestens einer Quantenzahl unterscheiden.

Einstellmöglichkeiten der Quantenzahlen					
n	*l*	Abkürzung	*m*	Orbitalanzahl	max. Zahl Elektr.
1	0	1 s	0	1	2
2	0	2 s	0	1	8
	1	2 p	−1, 0, +1	3	
3	0	3 s	0	1	18
	1	3 p	−1, 0, +1	3	
	2	3 d	−2, −1, 0, +1, +2	5	
4	0	4 s	0	1	32
	1	4 p	−1, 0, +1	3	
	2	4 d	−2, −1, 0, +1, +2	5	
	3	4 f	−3, −2, −1, 0, +1, +2, +3	7	

Die Anzahl der Werte für die magnetische Quantenzahl *m* ergibt gleichzeitig die Zahl der Zustände oder Orbitale pro Nebenquantenzahl. Jedes Orbital ist nach W. Pauli mit zwei Elektronen gegensätzlichen Spins besetzbar. Daraus ergibt sich die maximale Anzahl *Z* der Elektronen mit der Hauptquantenzahl *n* zu:

$Z = 2\,n^2$ (2, 8, 18, 32, 50 usw.)

Z gibt auch die Zahl der Elemente pro Periode im Periodensystem an (↑ S. 70).

3.2 Das Orbitalmodell

Der Begriff des Orbitals

Nach Heisenberg kann man Ort und Impuls eines Elektrons in der Atomhülle nie gleichzeitig beliebig genau bestimmen **(heisenbergsche Unschärferelation).** Ein **Orbital** ist derjenige Raum in der Atomhülle, in dem die Aufenthaltswahrscheinlichkeit für Elektronen eines bestimmten Energiezustands (gekennzeichnet durch seine Quantenzahlen) besonders groß ist.

s-Orbital:

Bei s-Orbitalen sind die Nebenquantenzahl l und die magnetische Quantenzahl m gleich null. Sie kommen in jeder Periode des Periodensystems vor und sind kugelsymmetrisch. Bei jeder Hauptquantenzahl sind zwei s-Elektronen mit gegensätzlichem Spin möglich.

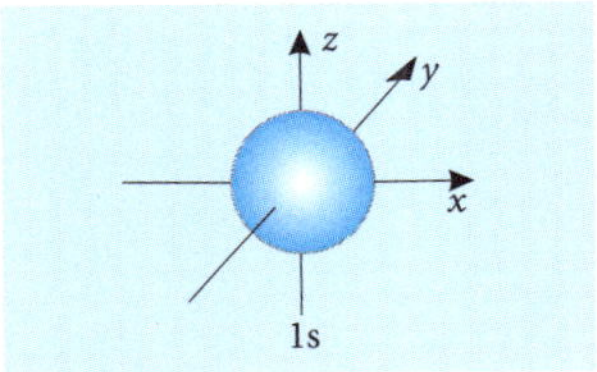

Geometrie eines s-Orbitals

p-Orbitale:

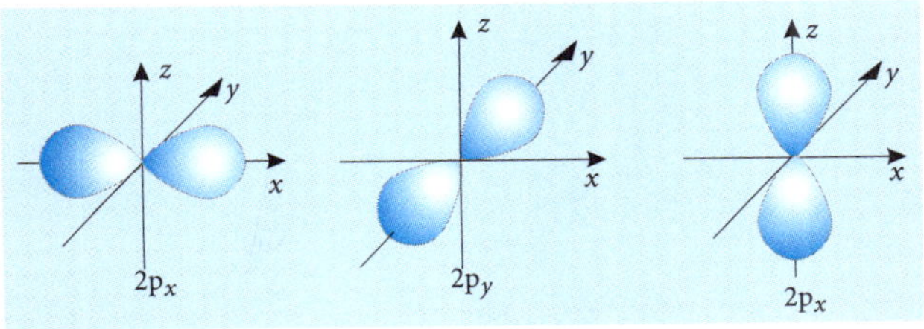

Vorstellung zur Geometrie der p-Orbitale

Orbitale mit der Nebenquantenzahl $l = 1$ sind p-Orbitale. Sie sind rotationssymmetrisch und treten ab $n = 2$ auf. Es gibt drei

Orbitale, die sich in x-, y- und z-Richtung orientieren. In drei Orbitalen (p_x, p_y, p_z) gibt es maximal sechs p-Elektronen.

d-Orbitale:

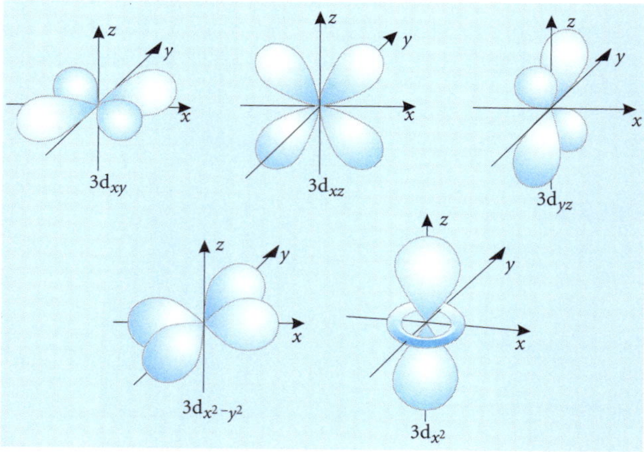

Vorstellung zur Geometrie der d-Orbitale

Ab der 3. Periode ($n = 3$) treten d-Elektronen auf. Sie besitzen die Nebenquantenzahl $l = 2$ und sind ebenfalls rotationssymmetrisch, allerdings mit anderer räumlicher Orientierung. Es gibt in fünf d-Orbitalen maximal zehn d-Elektronen.

Zur zeichnerischen Vereinfachung werden Orbitale durch „Kästchen" symbolisiert (**Pauling-Schreibweise**) und Elektronen durch Pfeile dargestellt (↑ für $s = \frac{1}{2}$ und ↓ für $s = -\frac{1}{2}$), wobei jedes Orbital zwei Elektronen aufnehmen kann (↑ S. 58).

Die Elektronenkonfiguration

Die **Elektronenkonfiguration** gibt die Besetzung der Orbitale an. Elektronen mit höheren Quantenzahlen sind energiereicher. Man bezeichnet sie als Valenzelektronen.

Elektronenkonfigurationen der ersten 10 Elemente				
Element	Ordnungszahl	s-Orbitale		p-Orbitale
H	1	$1\,s^1$		
He	2	$1\,s^2$		
Li	3	$1\,s^2$	$2\,s^1$	
Be	4	$1\,s^2$	$2\,s^2$	
B	5	$1\,s^2$	$2\,s^2$	$2\,p_x^1$
C	6	$1\,s^2$	$2\,s^2$	$2\,p_x^1\,2\,p_y^1$
N	7	$1\,s^2$	$2\,s^2$	$2\,p_x^1\,2p_y^1\,2p_z^1$
O	8	$1\,s^2$	$2\,s^2$	$2\,p_x^2\,2\,p_y^1\,2\,p_z^1$
F	9	$1\,s^2$	$2\,s^2$	$2\,p_x^2\,2\,p_y^2\,2\,p_z^1$
Ne	10	$1\,s^2$	$2\,s^2$	$2\,p_x^2\,2\,p_y^2\,2\,p_z^2$

3

Regel von Hund

Besetzungsregel für Orbitale: Freie Orbitale mit gleicher Nebenquantenzahl werden zuerst mit ungepaarten Elektronen einfach besetzt.

Beispiel: Auffüllung der p-Orbitale (Tab., rechte Spalte).

Das Bestreben der Atome, möglichst energiearme Elektronenkonfigurationen einzugehen, ist die Ursache für chemische Bindungen. Die Anordnung von acht Elektronen ist besonders stabil (**Edelgasregel**). Die Zahl der Elektronen, die zum Erreichen einer stabilen Elektronenkonfiguration aufgenommen oder abgegeben werden, nennt man **Oxidationszahl**.

Um die reale Gestalt der Moleküle besser beschreiben zu können, hat man die Hybridisierung (mathematische Kombination) als Zusatzannahme in das Orbitalmodell eingeführt. Man stellt sich vor, dass die Orbitale dabei unter Energieaufnahme verschmelzen und vorübergehend quasigleiche Energie annehmen (Hybridorbitale).

Hybridorbitale des C-Atoms

C-Atome erhalten durch Hybridisierung 4 Elektronen quasigleicher Energie.

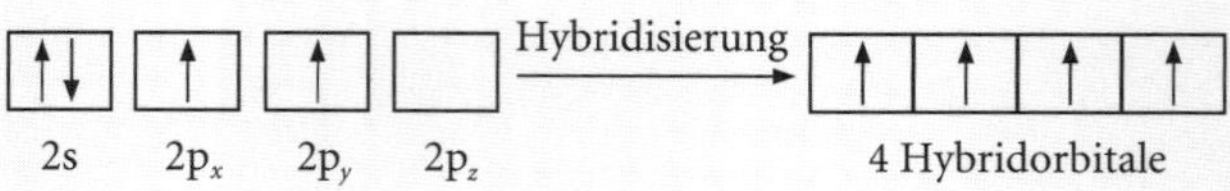

Bei der sp^3-Hybridisierung weisen die Achsen der Orbitale in die Ecken eines Tetraeders (Winkel ≈ 109°). Die sp^2-Hybridisierung führt zu 120°-Winkeln und ist planar (↑ S. 79). Die sp-Hybridisierung führt zu 180°-Winkeln (↑ S. 81). Energiereiche Molekülorbitale sind blau symbolisiert.

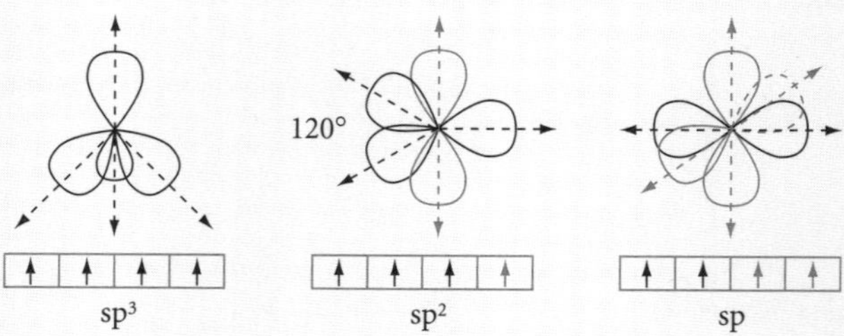

Hybridisierungsarten des C-Atoms

sp^3-Hybridisierungen treten auch bei anderen Atomen auf, z. B. beim Stickstoff (Ammoniak), Sauerstoff (Wasser) und Fluor (Hydrogenfluorid). Der gewinkelte Bau des H_2O-Moleküls ist eine Folge der sp^3-Hybridisierung des Sauerstoffatoms.

3.3 Der Atomkern

Der Atomkern ist aus Nukleonen aufgebaut. Protonen und Neutronen sind Nukleonen. Ein Proton ist 1 836-mal schwerer als ein Elektron und besitzt eine positive Ladung. Neutronen sind 1 839-mal schwerer als ein Elektron und elektrisch neutral; innerhalb der Atomkerne schwankt ihre Zahl etwas. Früher ordnete man die Atome aufsteigend nach ihrer Masse. Später stellte man fest, dass nicht die Atommasse, sondern die Anzahl der Protonen im Atomkern das ordnende Prinzip im Periodensystem darstellt. An den Positionen 18/19 (K/Ar), 27/28 (Co/Ni) und 52/53 (Te/I) folgt z. B. jeweils ein leichteres Atom einem schwereren.

Isotope

Die Atome eines Elements können unterschiedliche Atomkerne besitzen. Atome mit gleicher Protonenzahl, aber unterschiedlicher Neutronenzahl nennt man Isotope.

Beispiel: Atome mit der Ordnungszahl 1

$^{\text{Massenzahl}}_{\text{Kernladungszahl}}\text{Elementsymbol}_{\text{Neutronenzahl}}$	${}^{1}_{1}\mathrm{H}_{0}$ ${}^{2}_{1}\mathrm{D}_{1}$ ${}^{3}_{1}\mathrm{T}_{2}$

Die **Massenzahl** ist die Summe aus der Anzahl der Protonen und Neutronen. Die **Kernladungszahl** gibt die Zahl der Protonen an und ist gleich der Ordnungszahl. Zahlreiche Elemente sind aus mehreren Isotopen in unterschiedlichen Mischungsverhältnissen aufgebaut. Wasserstoffatome können z. B. neben einem Proton noch ein (Deuterium, D) oder zwei (Tritium, T) Neutronen enthalten. Deshalb ist die Atommasse häufig auch keine ganze Zahl.

Mit Massenspektrometern ist die Atommasse heute bis auf 10^{-6} u bestimmbar (die atomare Masseneinheit „u“ (unit) entspricht $\frac{1}{12}$ der Masse des Kohlenstoffisotops $^{12}_{6}C_6$, 1 u = 1,6605402 · 10^{-27} kg).

Das Quecksilberisotop $^{197}_{80}Hg_{117}$ kann z. B. ein Elektron der Hauptquantenzahl $n = 1$ einfangen (K-Einfang), wobei das stabile Goldisotop $^{197}_{79}Au_{118}$ entsteht. Durch einen analogen K-Einfang kann sich das Kaliumisotop $^{40}_{19}K_{21}$ in das Argonisotop $^{40}_{18}Ar_{22}$ umwandeln. Diese Kernreaktion nutzt man als „geologische Uhr“ zur Altersbestimmung (T_H = 1,3 · 10^9 a).

Manche Isotope sind radioaktiv, d. h., sie streben als energiereichere Nuklide (Atomkerne) unter Abgabe von Energie stabile Zustände an. Die Energie wird dabei als Teilchenstrahlung (α und/oder β), aber auch als elektromagnetische Strahlung (γ) abgegeben.

Zerfallsgesetz radioaktiver Nuklide

Liegen am Anfang $N(0)$ Nuklide vor, dann zerfällt in der Zeit t ein Teil davon und es liegen $N(t)$ Nuklide vor. Das **Zerfallsgesetz** für radioaktive Nuklide lautet:

$$N(t) = N(0) \cdot e^{-\lambda t}$$

Die Zerfallskonstante λ ist für jede Nuklidsorte typisch.

Mithilfe von Isotopen kann man Moleküle markieren und so Reaktionsabläufe untersuchen. Durch **Isotopenmarkierung** mit schwerem Sauerstoff [^{18}O], der nicht radioaktiv ist und im Massenspektrometer identifiziert werden muss, konnte z. B. der Reaktionsablauf der Veresterung (↑ S. 105) aufgeklärt werden. Der radioaktive Zerfall wird auch für Altersbestimmungen genutzt (^{14}C-Methode).

L. Meitner und O. Hahn fanden 1938, dass U-235-Nuklide mit Neutronen reagieren und sich dabei in leichtere Nuklide spalten (**Kernspaltung**), wobei Energie frei wird.

U-235 + n → U-236 → Sr-90 + Xe-143 + 3 n

Diese Reaktion läuft im **Kernreaktor** ab. Sie wird zur Gewinnung von Energie genutzt.

Ändert sich das sonst konstante Mischungsverhältnis der Isotope z. B. durch radioaktiven Zerfall einer Nuklidsorte, lässt sich diese Tatsache mithilfe des Zerfallsgesetzes zur **Altersbestimmung** (z. B. Radiocarbonmethode) nutzen.

3.4 Chemische Bindung

Die Elektronenpaarbindung

Die Elektronenpaarbindung wird durch ein gemeinsames Elektronenpaar verursacht, das sich zwischen den Bindungspartnern befindet. Man bezeichnet diese Bindung auch als **Atombindung**, **kovalente Bindung** oder **homöopolare Bindung**.

Elektronenpaarbindung

Zum gemeinsamen bindenden Elektronenpaar liefert im Normalfall jeder Bindungspartner ein Elektron. In der chemischen Zeichensprache symbolisiert man die Elektronenpaarbindung durch einen Bindungsstrich „–“.

Beispiele:

- Wasserstoff H–H
- Chlorwasserstoff H–Cl
- Wasser 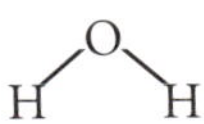

Da Elektronen negativ geladen sind, müsste es zur Abstoßung kommen. Wenn aber die beiden Elektronen entgegengerichteten Spin besitzen (↑ S. 53), überwiegt die anziehende Wirkung, die durch die „Paarung“ der Elektronen verursacht wird.

Stellt man das ungepaarte siebte Elektron eines jeden Chloratoms durch einen Punkt dar, kann man ein Chlormolekül Cl_2 durch die Schreibweise

$|\overline{\underline{Cl}} \cdot \cdot \overline{\underline{Cl}}|$ oder einfacher $|\overline{\underline{Cl}}–\overline{\underline{Cl}}|$

symbolisieren.

Für unterschiedliche Anziehungskräfte der Atome auf Elektronen in Elektronenpaarbindungen entwickelte L. Pauling 1932 eine Maßzahl, die man **Elektronegativität** (EN) nennt. Nur bei Bindungspartnern gleicher Elektronegativität stellt man sich das Bindungselektronenpaar genau in der Mitte zwischen den Bindungspartnern vor. Elektronenpaarbindungen sind besonders bei Kohlenstoffverbindungen weit verbreitet.

Werte der Elektronegativität wichtiger Elemente nach Pauling

Element	EN
Fluor	4,1
Sauerstoff	3,5
Chlor	3,0
Stickstoff	3,0
Kohlenstoff	2,5
Wasserstoff	2,1

Bei unterschiedlichen Elektronegativitäten ist das Bindungselektronenpaar zum elektronegativeren Bindungspartner hin verschoben. Solche Elektronenpaarbindungen nennt man **polare Elektronenpaarbindungen**.
Beispiele: Wassermolekül (↑ S. 17) und HCl-Molekül.

Änderung der Elektronegativität im Periodensystem

Innerhalb des Periodensystems nimmt die Elektronegativität von links nach rechts und von unten nach oben zu. Das Fluoratom besitzt mit $\mathrm{EN(F)} = 4{,}1$ die größte Elektronegativität. Atome in verschiedenen Hybridisierungszuständen unterscheiden sich in ihrer Elektronegativität.

Im Orbitalmodell ist die Größe der Überlappung von Orbitalen ein Maß für die Festigkeit einer Elektronenpaarbindung.

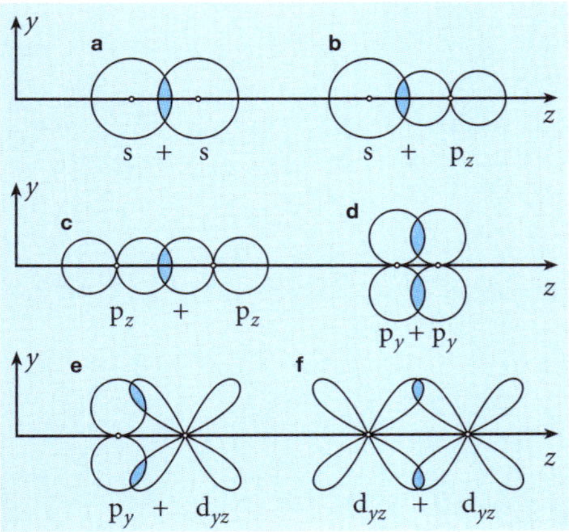

Überlappung von Orbitalen bei Elektronenpaarbindung.

Zum Trennen einer Elektronenpaarbindung benötigt man Energiebeträge, die etwa zwischen 350 und 500 kJ mol^{-1} liegen. Elektronenpaarbindungen gehen besonders diejenigen Elemente ein, deren Atome im Periodensystem benachbart sind (z. B. Kohlenwasserstoffe). Sind die Überlappungsgebiete rotationssymmetrisch, liegt eine σ-Bindung vor. Die Überlappung zweier p_y-Orbitale führt zu einer Knotenebene. In diesem Fall spricht man von einer π-Bindung (↑ S. 79). σ- und π-Bindungen sind Elektronenpaarbindungen.

Elektronenkonfiguration einiger Übergangselemente

Die 10 Elemente 21 bis 30 besitzen jeweils zwei s-Elektronen der Hauptquantenzahl $n = 4$ und treten deshalb alle in der Oxidationszahl II auf. Die Elektronen in den 3d-Orbitalen liegen den 4s-Elektronen energetisch nahe und können ebenso wie diese als Valenzelektronen fungieren. Sie ermöglichen deshalb insbesondere in Verbindungen mit elektronegativeren Elementen wie Sauerstoff und Halogenen eine große Vielfalt an Oxidationszahlen. Dabei führt die Halbauffüllung des d-Niveaus nach der Hund-Regel zu besonderer Stabilität. Atome mit relativ hohen Oxidationszahlen nehmen leicht Elektronen auf, sie sind deshalb gute Oxidationsmittel.

Fe- und Sc-Atome erreichen durch das Abgeben eines d-Elektrons zusätzlich zu den beiden 4s-Elektronen die Oxidationszahl III. Geben Mn-Atome alle Valenzelektronen ab, liegen sie in der Oxidationsstufe VII vor.

Elektronenkonfiguration der Elemente 21 bis 30*

Element		3d-Niveau			
Sc [Ar] $4s^2 3d^1$	↑				
Ti [Ar] $4s^2 3d^2$	↑	↑			
V [Ar] $4s^2 3d^3$	↑	↑	↑		
Cr [Ar] $4s^2 3d^4$	↑	↑	↑	↑	
Mn [Ar] $4s^2 3d^5$	↑	↑	↑	↑	↑
Fe [Ar] $4s^2 3d^6$	⇅	↑	↑	↑	↑
Co [Ar] $4s^2 3d^7$	⇅	⇅	↑	↑	↑
Ni [Ar] $4s^2 3d^8$	⇅	⇅	⇅	↑	↑
Cu [Ar] $4s^2 3d^9$	⇅	⇅	⇅	⇅	↑
Zn [Ar] $4s^2 3d^{10}$	⇅	⇅	⇅	⇅	⇅

* [Ar] symbolisiert die Orbitalbesetzung des Argons

Komplexverbindungen einiger Übergangsmetalle

Komplexe sind Verbindungen, die durch Zusammenschluss von Molekülen oder/und Ionen entstehen. Bei Energiezufuhr können d-Elektronen ihren Spin umkehren und sich paarig anordnen (schwarze Pfeile). Die dadurch geleerten Orbitale sind von Elektronenpaaren der **Liganden** besetzbar (blau). Liganden sind Moleküle oder Ionen, die mit freien Elektronenpaaren Orbitale des Zentralatoms auffüllen. So entstehen in komplexen Ionen Elektronenpaarbindungen, deren bindendes Elektronenpaar nur von einem Bindungspartner stammt.

Komplexe sind teilweise so stabil, dass typische Reaktionen ihrer Komponenten ausbleiben (↑ S. 96, 153). Dieses Phänomen wird als **Maskierung** bezeichnet.

Elektronenkonfigurationen wichtiger komplexer Ionen

Komplex	Hybrid	3 d					4 s	4 p		
$[\overset{I}{Cu}(\overline{N}H_3)_4]^+$	sp^3	⇅	⇅	⇅	⇅	⇅	↑	⇅	⇅	⇅
$[\overset{II}{Ni}(C\overline{N})_4]^{2-}$	dsp^2	⇅	⇅	⇅	⇅	⇅	⇅	⇅	⇅	
$[\overset{II}{Fe}(C\overline{N})_6]^{4-}$	d^2sp^3	⇅	⇅	⇅	⇅	⇅	⇅	⇅	⇅	⇅

Hybridorbitale wichtiger komplexer Ionen

Komplexname	Kupfer(I)-tetraamin	Tetracyano-nickel(II)	Hexacyano-ferrat(II)
Formel	$[Cu(NH_3)_4]^+$	$[Ni(CN)_4]^{2-}$	$[Fe(CN_6)]^{4-}$
Hybridisierung	sp^3	dsp^2	d^2sp^3
Orbital-geometrie	tetraedrisch	quadratisch	oktaedrisch
Orbitalmodell	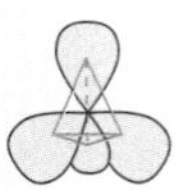	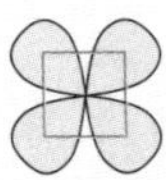	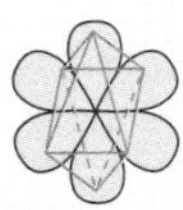

Die Metallbindung

Metalle besitzen eine geringe Elektronegativität. Sie geben ihre Valenzelektronen leicht ab. Infolge der dichten Packung von Atomen in Metallgittern werden die energetischen Unterschiede der Elektronen, die nach dem Pauli-Prinzip bestehen, minimiert. Überlappende Orbitale fasst man zu **Bändern** zusammen. Sind die energetischen Lücken zwischen den Bändern so groß, dass Elektronen diese nicht überwinden, liegen **Isolatoren** vor. **Elektrische Leiter** besitzen überlappende Bänder, durch deren unbesetzte Energieniveaus Elektronen wandern.

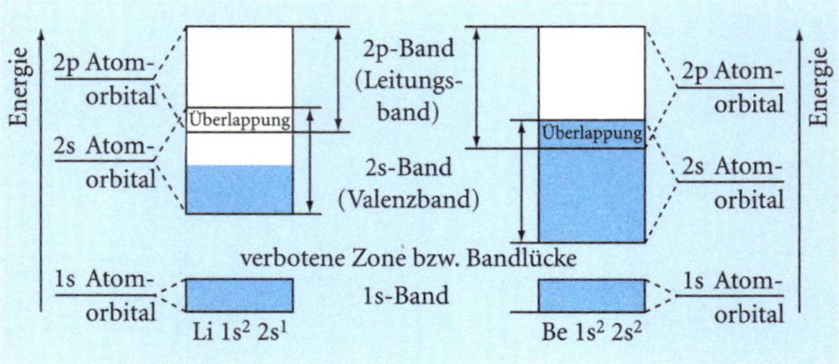

Schema zum Bändermodell von Lithium und Beryllium.

Zwischen dem 1s- und 2s-Niveau besteht eine Bandlücke. 2s- und 2p-Niveau können überlappen. Vereinfacht stellt man sich vor, dass Natriumatome ihre Valenzelektronen ($3s^1$) abgeben. Diese Elektronen können sich im Gitter bewegen.

Vorstellung zur Metallbindung

Die Gesamtheit der abgegebenen Valenzelektronen bezeichnet man als **Elektronengas**. Man stellt sich vor, dass die sich abstoßenden, positiv geladenen Metall-Ionen davon wie ein „Kitt" zusammengehalten werden.

Die Ionenbindung

Wird der Elektronegativitätsunterschied der Bindungspartner größer als Δ EN = 1,9, kann der elektronegativere Partner dem positiven Partner Elektronen entziehen und es kommt zur **Ionenbildung**. Da elektrostatische Kräfte allseitig wirken, bilden sich räumliche Ionengitter aus.

Beispiel: Im Natriumchloridgitter ist jedes Natrium-Ion im gleichen Abstand von sechs Cl^--Ionen umgeben. Für die Chlorid-Ionen gelten analoge Bedingungen.

3

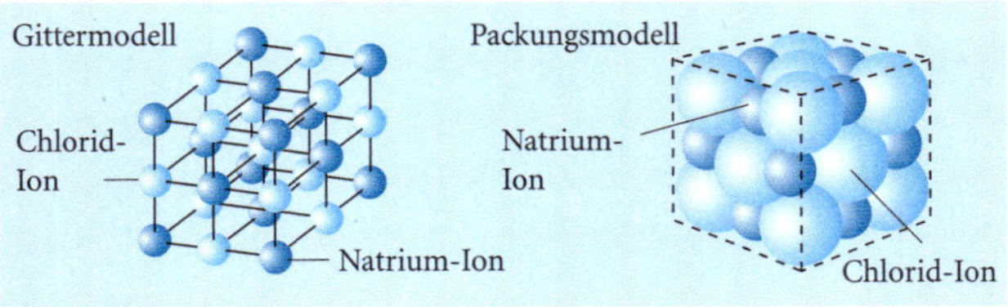

Ionengitter des Natriumchlorids

Der Einbau von Ionen in ein Gitter ist ein exothermer Vorgang, wobei die **Gitterenergie** ΔE_G frei wird.

Die Gitterenergie bedingt die relativ hohe Schmelztemperatur der Ionenverbindungen. Beim Lösen von Natriumchlorid dringen Wasserdipole in das Gitter ein und schwächen die anziehenden Kräfte zwischen den Ionen. In wässriger Lösung sind Ionen stets von Wasserdipolen umgeben, die eine **Hydrathülle** ausbilden. Bei diesem exothermen Vorgang wird die **Hydratationsenthalpie** ΔH_H frei.

Lösungsenthalpie

Energiebilanz des Lösevorgangs: Die Lösungsenthalpie ΔH_L ist die Differenz aus der Summe der Hydratationsenthalpien $\Sigma \Delta H_H$ einzelner Ionensorten und der Gitterenergie ΔE_G:

$\Delta H_L = \Sigma \Delta H_H - \Delta E_G$

Zwischenmolekulare Kräfte

Wasserstoffbrückenbindungen und Van-der-Waals-Kräfte sind die wichtigsten zwischenmolekularen Bindungen.

Wasserstoffbrückenbindungen liegen zwischen den (elektropositiveren) H-Atomen und den O-Atomen benachbarter Wassermoleküle vor. Sie bilden eine „Brücke" zwischen den Molekülen aus.

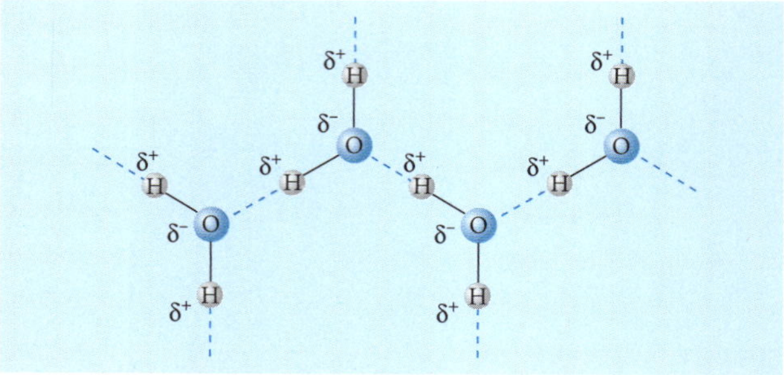

Wasserstoffbrückenbindungen zwischen Wassermolekülen (δ^-, δ^+ sind Symbole für partielle Ladungen).

Sie treten im Wasser und in allen Verbindungen mit OH-Gruppen auf. Im Wasser verursachen sie Molekülassoziationen und sind damit für dessen anomale physikalische Eigenschaften (hohe Siedetemperatur, Dichtemaximum bei 4 °C u. a.) verantwortlich. Indem sie Bindungen zwischen den Basenpaarungen in Nucleinsäuremolekülen (Doppelhelix) bewirken (↑ S. 143), fällt ihnen eine besondere Bedeutung für die Gene und die Vererbung zu.

Van-der-Waals-Kräfte werden häufig als Synonym für alle zwischenmolekularen Kräfte verwendet. Sie können anziehend und abstoßend wirken. Man unterscheidet:

- Dispersionskräfte (London-Kräfte)
- Induktionskräfte (Debye-Kräfte) und
- elektrostatische Wechselwirkungen (Keesom-Kräfte).

Dispersionskräfte entstehen infolge kurzfristiger unsymmetrischer Ladungsverteilung zwischen Molekülen, die zur Anziehung führen. Mit zunehmender Annäherung der Moleküle treten, infolge Durchdringung der Atomhüllen, abstoßende Kräfte auf. Begründbar ist diese Tatsache mithilfe des Pauli-Prinzips, das eine Annäherung von Elektronen gleicher Spinrichtung begrenzt.

Induktionskräfte treten auf, wenn permanente Dipole in benachbarten Molekülen Dipolmomente induzieren, die zu temperaturabhängigen Wechselwirkungen führen.

Elektrostatische Anziehungen von Dipolmolekülen sind orientierungsabhängig. Sie wirken aber stärker bindend als Dispersionskräfte, da ihre Dipole dauerhaft existieren.

Während zur Trennung einer normalen chemischen Bindung im Mittel 400 kJ mol^{-1} benötigt werden, beträgt die Bindungsenergie zwischenmolekularer Kräfte im Mittel etwa 20 kJ mol^{-1}.

Übergänge zwischen den Bindungsarten

Erreicht der Elektronegativitätsunterschied Δ EN nicht den Grenzwert von 1,9, ist bei Elektronenpaarbindungen das bindende Elektronenpaar zum negativeren Bindungspartner hin verschoben. Das führt zur Ausbildung einer ungleichen Ladungsverteilung innerhalb des Moleküls (polare Elektronenpaarbindung). Solche Stellen sind häufig Angriffspunkte polarer Reaktanten (z. B. elektrolytische Dissoziation).

In manchen Halbleitern können Elektronen eine Bandlücke erst bei Energiezufuhr überspringen. Hier liegt ein Übergang zwischen Ionen- und Metallbindung vor.

Schließlich lässt sich die Vorstellung der Mesomerie (↑ S. 84) als Übergang zwischen Elektronenpaar- und Metallbindung deuten.

3.5 Die Systematik im Periodensystem

Die Atommasse, die man früher als ordnendes Prinzip verwendete, ist aus mehreren Gründen kein geeigneter Systematisierungsfaktor (↑ S. 59). Da am Aufbau natürlicher Elemente radioaktive Isotope beteiligt sind, ist die Masse eines solchen Isotopengemischs zeitlich nicht konstant.

Die **Anzahl der Protonen** im Atomkern ist für Systematisierungen geeigneter, da die Zahl der Elektronen in der Atomhülle, die das Bindungsverhalten bestimmt, stets gleich der Anzahl der Protonen im Kern ist.

Kernladungszahl = Ordnungszahl = Zahl der Elektronen in der Atomhülle

Das **Periodensystem der Elemente (PSE)** ist eine Anordnung der chemischen Elemente nach steigender Kernladungszahl. Es dient überwiegend der Darstellung von Elektronenniveaus und damit der Systematisierung chemischer Eigenschaften von Atomen (vgl. Umschlagklappe hinten). So erkennt man beispielsweise leicht die stabile Elektronenkonfiguration der Edelgase (Achterschale), das Auftreten bestimmter Oxidationszahlen und die systematische Änderung von Atomeigenschaften (Radius, EN, Anzahl Protonen im Kern, Anzahl Elektronen in der Hülle u. a.).

Die Anordnung der Elemente in waagerechten Perioden und senkrechten Gruppen spiegelt die Elektronenbesetzung der Atomorbitale wider. Der Einbau der Elektronen in die Atomhülle erfolgt nach einem minimierenden Energieprinzip. Von allen möglichen Energieniveaus wird jeweils das niederste mit zunächst einem Elektron besetzt (Hund-Regel). Es beginnt mit dem tiefsten Energieniveau des 1s-Orbitals.

Das Energieniveau mit $n = 3$ wird aber zunächst nur mit 8 Elektronen besetzt (bis $3p^6$). Weil das 4s-Niveau energieärmer ist als das 3d-Niveau, folgen die zehn 3d-Elektronen (Sc bis Zn) erst nach den beiden 4s-Elektronen (K und Ca). Solche Einschübe wiederholen sich jeweils nach den 5s-, 6s- und 7s-Niveaus. Das 4f-Niveau (Lanthanoide) wird erst nach dem $5d^1$-Niveau aufgefüllt, ebenso wird die Auffüllung des 5f-Niveaus (Actinoide) erst nach dem $6d^1$-Elektron fortgesetzt.

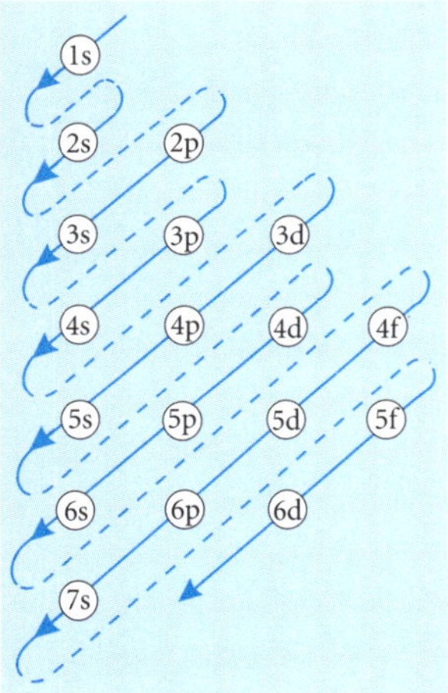

Schema zur Reihenfolge der Besetzung von Energieniveaus (Orbitale) in der Atomhülle.

Atome mit d-Elektronen stehen im Periodensystem jeweils zwischen denen, die nur s-Elektronen als Valenzelektronen haben [Gruppen IB (11) und IIB (12)] und denen, die auch p-Elektronen [Gruppen IIIA (3) bis VIIIA (10)] besitzen. Es sind alles Metalle. Man nennt sie **Übergangselemente**.

Die **Nuklidkarte** stellt die natürlichen und künstlichen Isotope eines Elements zusammen und systematisiert damit im Gegensatz zum PSE die Eigenschaften der Atomkerne.

4 Organische Chemie

Wichtige Definitionen

Einteilung der Kohlenwasserstoffe

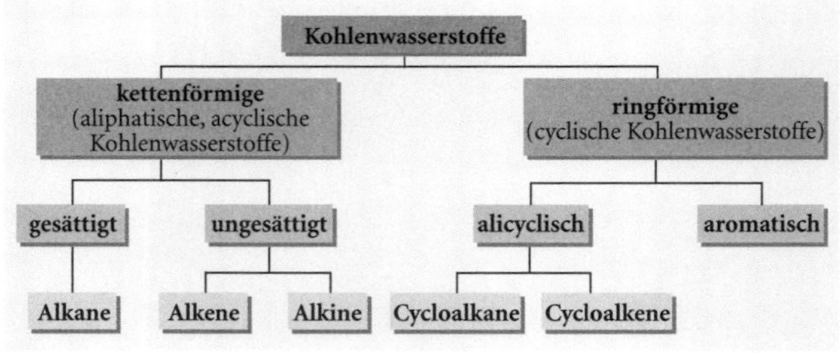

Reaktionstypen in der Organischen Chemie

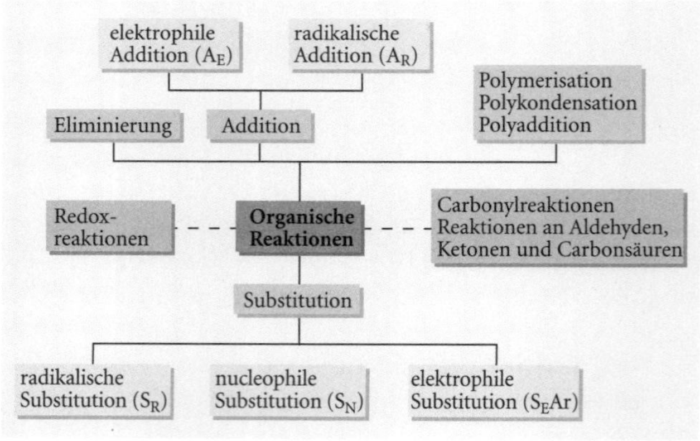

Stoffklassen und funktionelle Gruppen		
Alkohole und Phenole	Hydroxylgruppe	$-\overline{\underline{O}}H$
Halogenalkane	Halogene	$-\overline{\underline{X}}\vert$; X = F, Cl, Br, I
Amine	Aminogruppe	$-\overline{N}H_2$
Ether	Ethergruppe	$-\overline{\underline{O}}-$
Aldehyde	Aldehydgruppe	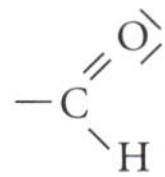
Ketone	Ketogruppe	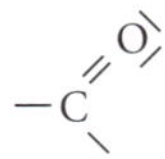
Carbonsäuren und Carbonsäurederivate	Carboxylgruppe	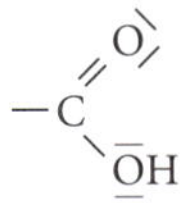
Ester	Estergruppe	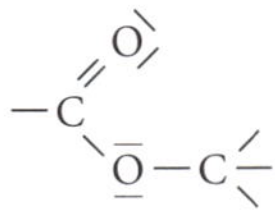
Nitroverbindungen	Nitrogruppe	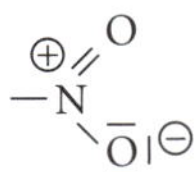
Isocyanate	Isocyanatgruppe	$-\overline{N}=C=O\rangle$
Nitrile	Nitrilgruppe	$-C\equiv N\vert$
Azoverbindungen	Azogruppe	$-\overline{N}=\overline{N}-$
Sulfone	Sulfogruppe	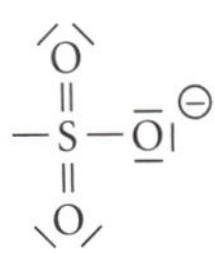

4.1 Das C-Atom im Orbitalmodell

Hybridisierungszustände der C-Atome				
Hybrid	**Symmetrie**	**Winkel**	**Hybridanzahl**	**Bindung**
sp^3	tetraedrisch	108°	4	C-C
sp^2	planar	120°	3	C=C
sp	linear	180°	2	C≡C

Außer in der Symmetrie unterscheiden sich die Hybride (↑ S. 58) der C-Atome in ihrer Elektronegativität und ihrer Energie. Die Elektronegativität und ihre Energie nehmen in der folgenden Reihe von links nach rechts zu: $sp^3 > sp^2 > sp$.

4.2 Gesättigte Kohlenwasserstoffe – Alkane

Die Namen der Alk*an*e (alter Name: Paraffine) enden auf die Silbe *–an*. Nichtcyclische Alkane setzen sich gemäß der Summenformel: C_nH_{2n+2} zusammen. In Alkanen sind so viele Wasserstoffatome wie möglich an Kohlenstoffatome durch Elektronenpaarbindungen gebunden.

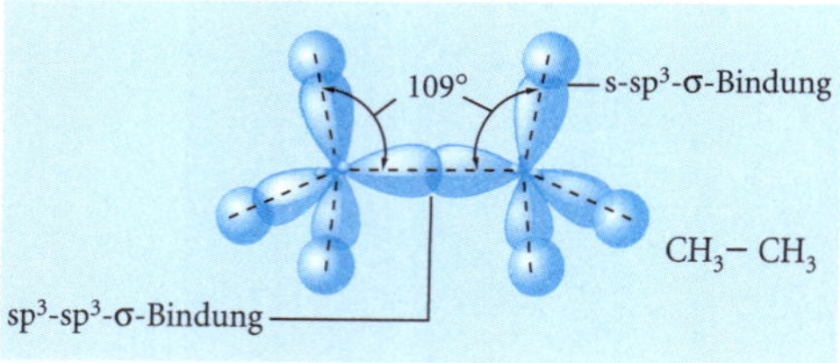

Orbitalmodell des Ethans. Beide C-Atome liegen im sp^3-Zustand vor.

In einer Kette von C-Atomen liegt jedes C-Atom im sp^3-Zustand vor, d. h., seine Umgebung besitzt tetraedrische Symmetrie. Aus diesem Grund sind Ketten von sp^3-C-Atomen gewinkelt gebaut.

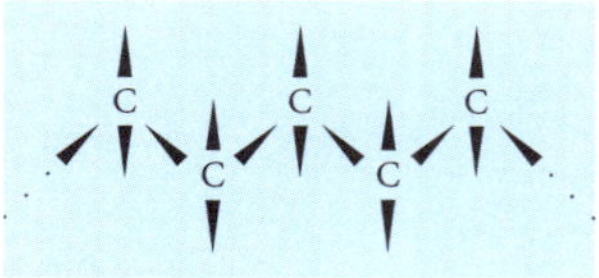

Ausschnitt einer Kohlenwasserstoffkette

Der Einfachheit halber wird aber häufig die lineare Schreibweise bevorzugt.

Die Stoffklasse der Alkane enthält sowohl geradkettige wie auch verzweigte und cyclische Moleküle. Das wichtigste cyclische Alkan ist das Cyclohexan C_6H_{12}. Sein gesättigtes Ringsystem ist aufgrund der sp^3-Hybridisierung der C-Atome nicht planar.

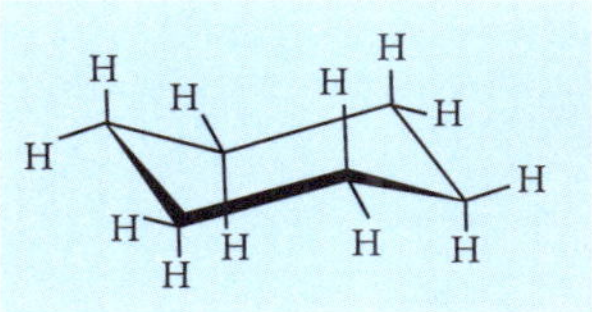
Cyclohexan

Alkane bilden die Hauptbestandteile des Erdöls. Russisches und rumänisches Erdöl sind besonders reich an cyclischen Kohlenwasserstoffen.

Isomerie

Struktur und Formel

Unter **Isomerie** versteht man die Erscheinung, dass Verbindungen unterschiedliche Struktur bei gleicher Summenformel besitzen.

Beispiel: Butan und 2-Methylpropan (Isobutan) besitzen die gleiche Summenformel C_4H_{10}, jedoch unterschiedliche Strukturen. Solche Verbindungen sind **isomer**. Sie besitzen daher unterschiedliche physikalische Eigenschaften (z. B. Siedepunkte, Schmelzpunkte).

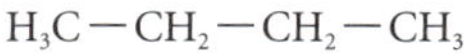

Butan

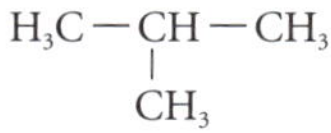

2-Methylpropan
(Isobutan)

Den speziellen Fall der Isomerie bei Alkanen nennt man **Struktur-** oder **Kettenisomerie**. Der Name des Isomers richtet sich nach der längsten C-Atomkette. Die C-Atome werden dabei so durchgezählt, dass Verzweigungen möglichst kleine Nummern erhalten. Die Lage der Seitenkette wird durch die Nummer des Verzweigung-C-Atoms angegeben.

Die Anzahl gleicher Seitenketten wird im Namen durch die Präfixe „di-“ (zwei), „tri-“ (drei), „tetra-“ (vier) usw. angegeben.

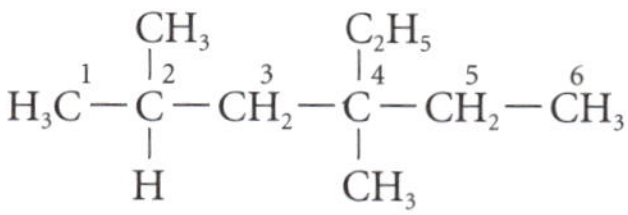

2,4-Dimethyl-4-ethyl-hexan
(Isononan)

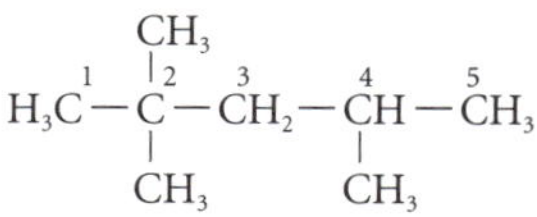

2,2,4-Trimethylpentan
(Isooctan)

Substitution

Eine typische Reaktion der Alkane ist die radikalische Substitution.

Substitution ist der Ersatz von Atomen einer Verbindung durch andere, gleichwertige Atome, Radikale oder Atomgruppen, wobei auch eine Abspaltung von Teilchen stattfindet.

Radikale sind reaktionsfähige Substituenten, die ein ungepaartes Elektron besitzen. ($CH_3\cdot$ Methylradikal, $C_2H_5\cdot$ Ethylradikal, $C_3H_7\cdot$ Propylradikal).

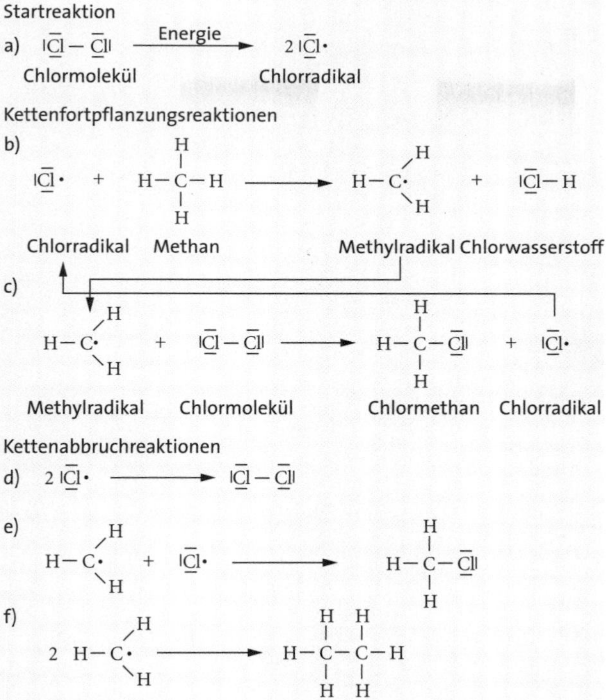

Radikalische Substitution S_R eines Wasserstoffatoms im Methan durch ein Chloratom

Chlormoleküle können durch UV-Licht in Chloratome (Radikale) gespalten werden (↑ S. 83). Die in Reaktion c) gebildeten Chloratome reagieren mit Methanmolekülen zu Methylradikalen, wobei Chlorwasserstoff entsteht. Der entstandene Chlorwasserstoff ist ein Beweis für den Ablauf der Substitution. Methylradikale sind in der Lage, Chlormoleküle zu spalten. Die Reaktion verläuft exotherm.

Wirkungsweise eines Katalysators

Wirkung ohne Veränderung

Katalysatoren sind Stoffe, die chemische Reaktionen hinsichtlich ihrer Geschwindigkeit oder ihres Verlaufs beeinflussen, am Ende aber genau so vorliegen wie zu Beginn der Reaktion.
Man unterscheidet heterogene (↑ S. 172) und homogene (↑ S. 106) Katalyse.

Beispiele:

- Friedel-Crafts-Katalysatoren ($FeCl_3$, BF_3, $AlCl_3$, $SnCl_4$, $SbCl_5$ u. a.)
- Platin im Kfz-Abgaskatalysator (↑ S. 162)
- Protonenkatalyse durch Protonendonatoren (Säuren) in wässriger Lösung (↑ S. 106)
- Enzyme als Biokatalysatoren: Lipase, Katalase, Urease (↑ S. 139)
- Eisen mit Alkali- und Aluminiumhydoxid beim Haber-Bosch-Verfahren (↑ S. 172).

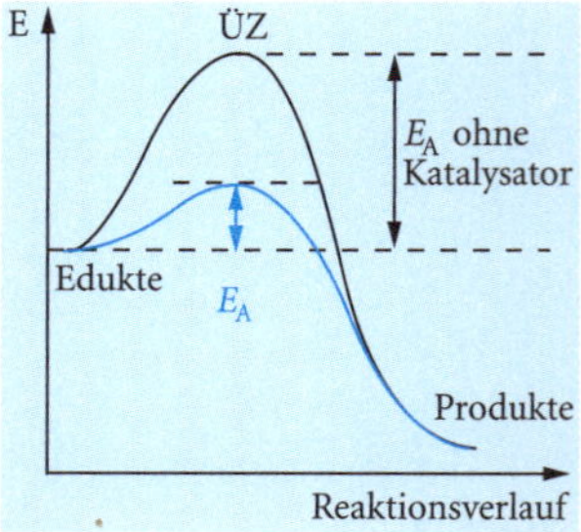

Energieverlauf bei chemischen Reaktionen mit (blau) und ohne Katalysator (ÜZ Übergangszustand, E_A Aktivierungsenergie)

Die Temperaturabhängigkeit der Reaktionsgeschwindigkeit gibt Hinweise auf die Wirkung von Katalysatoren. Eine katalysierte Reaktion verläuft auf einem anderen Weg (Übergangszustand) als eine unkatalysierte Reaktion. Im Idealfall entsteht nur das gewünschte Produkt und die Bildung anderer Produkte von Konkurrenzreaktionen wird unterdrückt. Der Katalysator eröffnet einen neuen Reaktionsweg, bei dem die Aktivierungsenergie niedriger ist.

> **Energie und Geschwindigkeit**
>
> Katalysatoren setzen die **Aktivierungsenergie E_A** bei chemischen Reaktionen herab und erhöhen dadurch die Reaktionsgeschwindigkeit. Die Lage eines chemischen Gleichgewichts können Katalysatoren nicht beeinflussen.

Die Aktivierungsenergie ist gleich der Differenz der mittleren Energie der reagierenden Moleküle und der mittleren Energie aller Moleküle.

4.3 Ungesättigte Kohlenwasserstoffe – Alkene

Die Namen der Alk*en*e (alte Bezeichnung: Olefine) enden auf die Silbe *-en*. Sie setzen sich gemäß der Summenformel C_nH_{2n} zusammen. Alkene sind Kohlenwasserstoffe mit einer Doppelbindung zwischen zwei sp^2-C-Atomen. Der Bindungswinkel beträgt 120°, damit liegen alle Atome in einer Ebene.

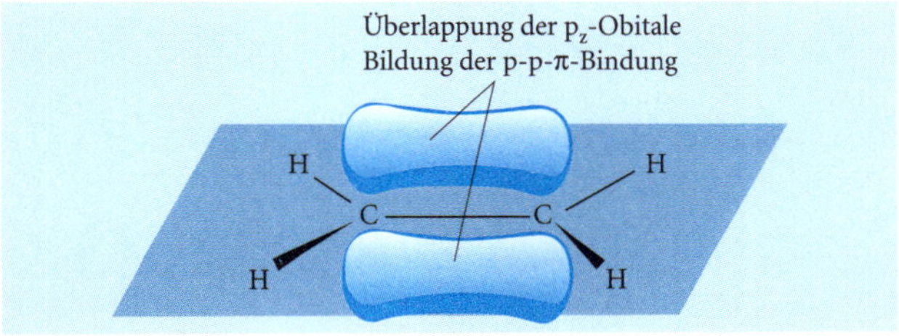

Orbitalmodell des Ethens C_2H_4. Zwei energiereiche Orbitale überlappen zum Molekülorbital (↑ S. 58).

Die beiden Elektronenpaare der Doppelbindung sind energetisch nicht gleich. Man unterscheidet die energieärmere **σ-Bindung** von der energiereicheren **π-Bindung.**

Cis-trans-Isomerie

Doppelbindungen sind stets planare Molekülstrukturen, die räumlich fixiert sind und sich deutlich von geradkettigen, verzweigten oder cyclischen Molekülteilen unterscheiden. An Doppelbindungen kann man „oben und unten" bzw. „hüben und drüben" oder „diesseits und jenseits" unterscheiden.

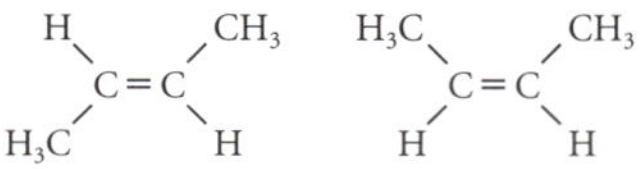

trans-But-2-en   *cis*-But-2-en

Diese Form von Isomerie (↑ S. 75) heißt ***cis-trans*-Isomerie.**

Addition

Unter einer elektrophilen **Addition** versteht man eine Anlagerung von Ionen oder Atomen an eine Doppelbindung unter Aufhebung der π-Bindung.

Beispiel: Die Bromaddition ist ein Nachweis für Doppelbindungen.

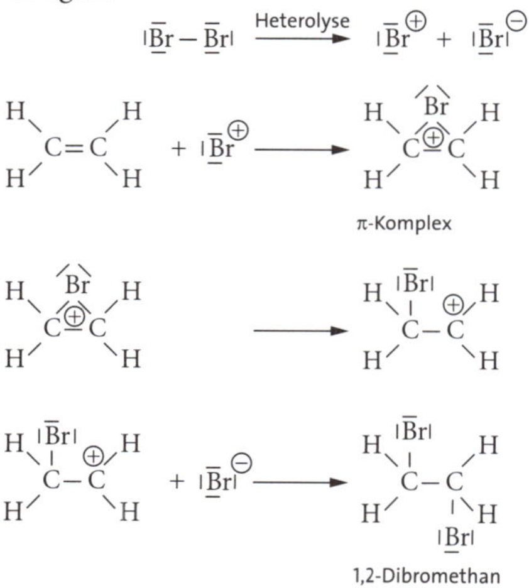

4.4 Ungesättigte Kohlenwasserstoffe – Alkine

Die Namen der Alk*in*e enden auf die Silbe *–in*. Ein älterer Name für Ethin ist Acetylen. Alkine sind sehr reaktionsfähig. In den Alkinen liegt jeweils eine Dreifachbindung zwischen sp-C-Atomen vor. Diese besteht aus einem σ- und zwei π-Elektronenpaaren (Molekülorbitalen). Die beiden π-Bindungen unterscheiden sich in ihrer Energie.

Lage der π- und σ-Bindungen im Ethinmolekül

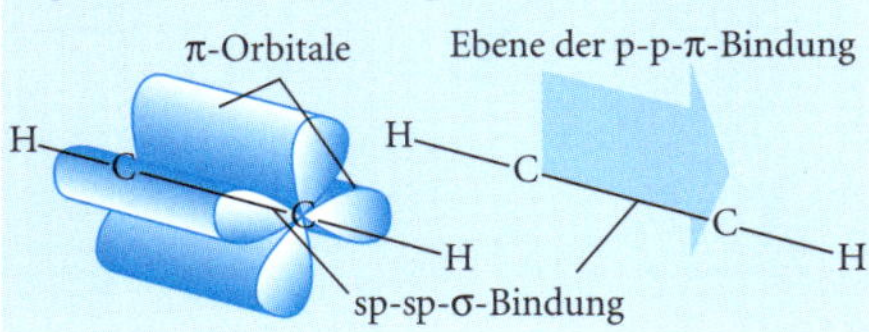

Orbitalmodell des Ethins

Die Molekülorbitale der Alkine liegen in der *y*- und *z*-Ebene. Die beiden sp-Hybridorbitate bilden einen Winkel won 180°, die Moleküle sind linear aufgebaut.

Alkene mit zwei Doppelbindungen (Diene) und Alkine mit einer Dreifachbindung und der gleichen Anzahl der C-Atome sind isomer.

Beispiel:

$CH_2{=}CH-CH{=}CH_2$ Buta-1,3-dien $H_3C-C{\equiv}C-CH_3$ But-2-in

Namensbildung: Die Bindungen der längsten Kohlenstoffkette werden durchnummeriert und die Stellungen von Mehrfachbindungen im Verbindungsnamen mit Bindestrich angegeben. Die Mehrfachbindungen erhalten die niedrigsten Stellenangaben.

Beispiel:

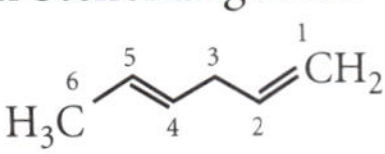

Hexa-1,4-dien

4.5 Halogenkohlenwasserstoffe

Halogenkohlenwasserstoffe (HKW) existieren von gesättigten und ungesättigten Kohlenwasserstoffen. Man stellt sie in der Regel durch radikalische Substitution (↑ S. 76), durch Addition an Mehrfachbindungen (↑ S. 80) oder z. B. durch Reaktionen von Alkoholen mit Halogenwasserstoffen (nucleophile Substitution) dar.

Wichtige Halogenkohlenwasserstoffe

HKW		Verwendung
Chlorethan	H_5C_2Cl	Lokalanästhetikum
Chloroform (Trichlormethan)	$HCCl_3$	Lösemittel
Dichlordifluormethan	Cl_2F_2C	Kältemittel, Treibhausgas und Ozonzerstörer
Tetrachlorkohlenstoff (Tetrachlormethan)	CCl_4	Lösemittel
Vinylchlorid	$H_2C{=}CH{-}Cl$	Ausgangsstoff zur Herstellung von PVC
Trichlorethen	$Cl_2C{=}CHCl$	Lösemittel
Tetrafluorethen	$F_2C{=}CF_2$	Ausgangsstoff zur Herstellung von Teflon

Vinylchlorid entsteht aus 1,2-Dichlorethan unter Abspaltung von Chlorwasserstoff:

$$H_2ClC-CClH_2 \xrightarrow{\text{Eliminierung}} CH_2=CH-\overline{\underline{Cl}}| + HCl$$

1,2-Dichlorethan Vinylchlorid

Chemische Reaktion durch Abspaltung

Unter **Eliminierung** versteht man eine chemische Reaktion, bei der aus organischen Molekülen kleinere Moleküle abgespalten werden, wobei ungesättigte Verbindungen entstehen.

Die Bindungsenergie einer C-Cl-Bindung ($279\,kJ\;mol^{-1}$) liegt wesentlich unter derjenigen einer C-F-Bindung ($448\,kJ\;mol^{-1}$). Chlor-Kohlenstoff-Bindungen werden deshalb wesentlich leichter gespalten als Fluor-Kohlenstoff-Bindungen. Diese Tatsache macht man sich bei der Bekämpfung der Ozonzerstörung in der Atmosphäre zunutze (↑ S. 182), indem man C-Cl-Bindungen in Feuerlösch- und Kältemitteln vermeidet.

In Halogenkohlenwasserstoffen bewirken Halogenatome infolge ihrer größeren Elektronegativität einen Elektronensog, der zu einer polaren Atombindung (↑ S. 69) führt (induktiver Effekt, ↑ S. 105). Halogenkohlenwasserstoffe gehen deshalb relativ leicht nucleophile Substitutionen ein (↑ S. 93) und eignen sich zur Herstellung von gesättigten Kohlenwasserstoffen nach Wurtz:

$$2\,H_5C_2\text{–}\overline{\underline{Cl}}|(l) + 2\,Li \rightarrow C_4H_{10}(g) + 2\,LiCl(s)$$

Die relativ leichte Spaltbarkeit von Halogen-Halogen-Bindungen nutzt man auch für katalytische Zwecke.

Beispiel: Bei einer heterolytischen Bindungsspaltung (**Heterolyse**) des Brommoleküls übernimmt ein Bromatom das gesamte Elektronenpaar. Eingeleitet wird dieser Schritt z. B. durch Komplexbildung von Eisen(III)-bromid. Das zweite Bromatom bleibt mit einer Elektronenlücke zurück. Dieses Brom-Kation ist ein ausgezeichnetes Elektrophil (↑ S. 88):

$$FeBr_3 + |\overline{\underline{Br}}\text{–}\overline{\underline{Br}}| \rightarrow (FeBr_4)^- + |\overline{\underline{Br}}^+$$

Bei der **Homolyse** eines Brommoleküls erhält jedes Bromatom durch die Energie des UV-Lichts ein Elektron aus der Bindung (↑ S. 77):

$$|\overline{\underline{Br}}-\overline{\underline{Br}}| \rightarrow 2\,|\overline{\underline{Br}}\cdot$$

Mesomerie

Chemisches Verhalten von Elektronenpaaren

Unter **Mesomerie** versteht man einen energiearmen Molekülzustand, in dem Elektronenpaare in konjugierten Systemen delokalisiert (beweglich) sind. Voraussetzung für das Auftreten von Mesomerie sind konjugierte Systeme.

Ein **konjugiertes System** liegt dann vor, wenn:

- zwei Doppelbindungen nur durch eine Einfachbindung oder
- eine Doppelbindung und ein freies Elektronenpaar nur durch eine Einfachbindung oder
- eine Doppelbindung und eine Elektronenlücke ⊕ nur durch eine Einfachbindung

getrennt sind. Auch biradikalische Strukturen sind denkbar (↑ S. 110).

Beispiele:

$$H_2C=CH-CH=CH_2$$

Buta-1,3-dien

$$CH_2=CH-\overline{\underline{Cl}}| \longleftrightarrow {}^{\ominus}|CH_2-CH=\underline{Cl}|^{\oplus}$$

Vinylchlorid

Ein weiteres wichtiges Beispiel stellt Benzen dar (↑ S. 86). In konjugierten Systemen treten freie Elektronenpaare und π-Elektronenpaare infolge ihrer energetischen Verwandtschaft in Wechselwirkung, wodurch Bindungsabstände verkürzt, Elektronendichten und Energiezustände verändert werden. Diese Wechselwirkung ist auch zwischen π-Elektronenpaaren untereinander und zwischen π-Elektronenpaaren und Elektronenlücken jeweils in konjugierten Systemen möglich.

Die Bewegung der π-Elektronenpaare, freien Elektronenpaare oder Elektronenlücken lässt sich nur in bewegten Bildern (Film) darstellen. Da chemische Formeln statische Bilder sind, hat man zur Simulation dieser Vorstellung den Doppelpfeil ↔ eingeführt (↑ S. 9). Er symbolisiert einen mesomeren energiearmen Molekül*zustand* mit **Delokalisierung**, die man mit **fiktiven Grenzstrukturen** darstellt. Zum Beispiel (↑ S. 84):

fiktive Grenzstrukturen des Buta-1,3-dien

Konjugierte Systeme treten sowohl in linearen wie in cyclischen Verbindungen auf. Mesomere Systeme sind um den Betrag der **Mesomerieenergie** stabiler als vergleichbare Systeme ohne Mesomerie.

Carbokationen mit einem dreibindigen C-Atom (mit einer Elektronenlücke) bezeichnet man als **Carbenium-Ion**. Eine Verbindung mit einem freien Elektronenpaar am C-Atom nennt man **Carbanion**.

Carbenium-Ion

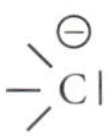

Carbanion

Nucleophilie ist eine Teilcheneigenschaft. Sie beschreibt die Fähigkeit eines Reaktionspartners, ein Elektronenpaar für eine Elektronenpaarbindung zur Verfügung zu stellen. Carbanionen sind z. B. **nucleophil.**

Carbenium-Ionen besitzen eine Elektronenlücke (⊕) und sind positiv geladen. Sie suchen bei chemischen Reaktionen bevorzugt die Stellen mit hoher Elektronendichte (negative Ladung). Sie sind **elektrophil**.

Benzoides System: ein mesomeriefähiges cyclisches System aus sechs C-Atomen, das sich vom Benzol ableitet.

Chinoides System: ein dem benzoiden System analoges System, das sich vom Chinon ableitet (↑ S. 115, 120).

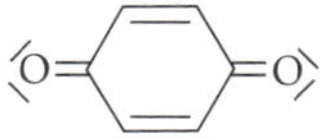

Chinon

4.6 Aromatische Kohlenwasserstoffe – Benzen

Aromaten sind durch ringförmige Verbindungen gekennzeichnet, die sich in ihren Eigenschaften deutlich von cyclischen Alkenen und Alkinen unterscheiden. Der wichtigste aromatische Kohlenwasserstoff ist das Benzen (Benzol) C_6H_6. Im Benzenmolekül liegen drei cyclisch konjugierte Doppelbindungen vor, die **Mesomerie** ermöglichen.

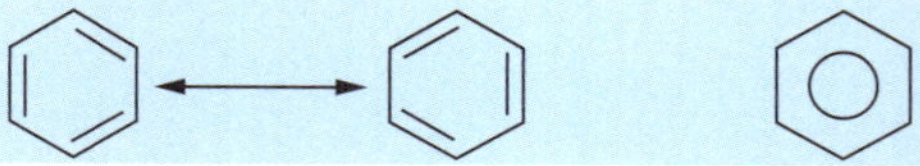

Vereinfachte Darstellung

An den Ecken des sechseckigen, planaren Moleküls stellt man sich jeweils eine =CH-Gruppe vor. Der C-C-Bindungsabstand beträgt für alle Bindungen gleichmäßig $1{,}39 \cdot 10^{-10}$ m. Er nimmt damit einen Wert zwischen einer C-C-Einfachbindung ($1{,}54 \cdot 10^{-10}$ m) und dem einer C=C-Doppelbindung ($1{,}34 \cdot 10^{-10}$ m) ein. Alle sechs C-Atome liegen im sp^2-Hybridisierungszustand vor und sind gleichwertig.

Die sechs p_z-Orbitale der Kohlenstoffatome, die die π-Elektronen enthalten, überlappen zu einem energiereichen Molekülorbital und bilden so oberhalb und unterhalb der σ-Bindungsebene einen „Tunnel“, in dem die π-Elektronenpaare delokalisiert sind.

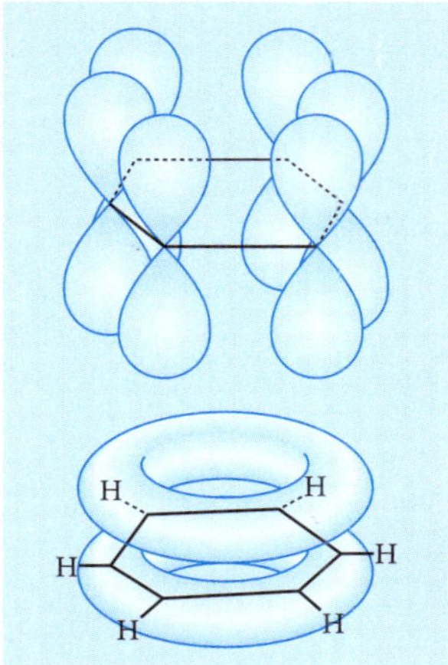

Das Orbitalmodell des Benzens

Das mesomerierende π-Elektronensechstett im Benzenkern ist so stabil, dass es mit chemischen Mitteln nur schwer aufgebrochen werden kann. Benzen geht deshalb praktisch keine Additionen ein.

Benzen ist der Prototyp der aromatischen Verbindungen. Es kommt im Rohöl vor und kann industriell aus anderen Kohlenwasserstoffen gewonnen werden. Benzin enthält bis zu 5 % Benzen. Es wirkt als Antiklopfmittel.

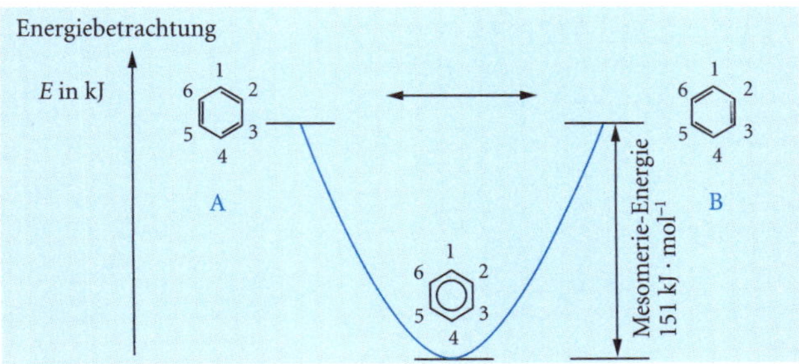

Energieabsenkung durch Mesomerie im Benzen

Naphthalin $C_{10}H_8$ und Anthracen $C_{14}H_{10}$ sind weitere wichtige Aromaten.

Elektrophile Substitution

Die **elektrophile Substitution** ist eine typische Reaktion für Benzen und anderen Aromaten, in deren Verlauf ein Atom oder eine Atomgruppe am aromatischen System durch andere Substituenten ersetzt wird.

Bromierung von Benzen: An der Stelle, an der das Proton abgespalten wird, kann das Br^+-Ion (↑ S. 83) gebunden werden. Das abgespaltene Proton bildet mit dem Bromid-Ion Bromwasserstoff.

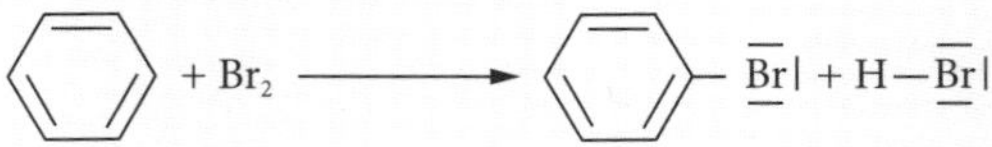

Brombenzen

Reaktionsmechanismus der elektrophilen Substitution

Angreifende elektrophile Teilchen werden von der π-Elektronenwolke des Aromaten angezogen. Durch die Wirkung elektrostatischer Kräfte bildet sich zunächst ein π-Komplex, der durch Mesomerie in den σ-Komplex übergeht. Anschließend bildet sich durch Abspaltung eines Atoms oder einer Atomgruppe wieder das energetisch günstigere aromatische System zurück.

Das Br^+-Ion, das durch Heterolyse von Br_2 entsteht (↑ S. 83), bildet mit den π-Elektronensextett des Benzenkerns einen π-Komplex aus. Das Br^+-Ion bildet eine Bindung zu einem Kohlenstoffatom des Aromaten auf Kosten eines Elektronenpaars aus dem π-Elektronensystem. Die positive Ladung wird über 5 sp^2-hybridisierte Kohlenstoffatome verteilt. Dieser Komplex heißt σ-Komplex. Durch Abspaltung eines Protons wird das aromatische System wiederhergesellt.

$$FeBr_3 + Br_2 \longrightarrow Br^+ + [FeBr_4]^-$$

Katalysator

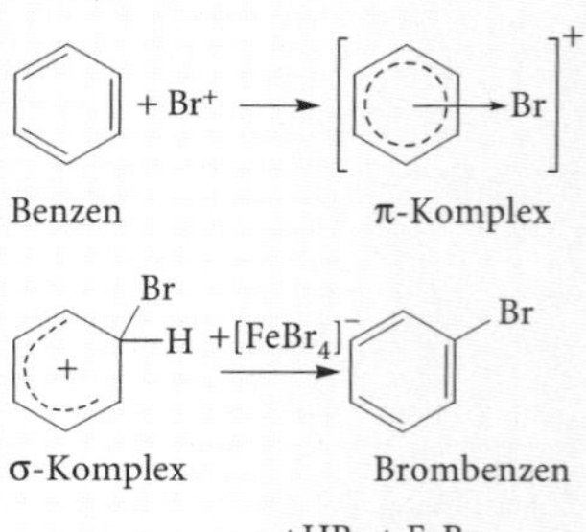

+HBr + $FeBr_3$
Katalysator

Energieverlauf der elektrophilen Substitution

Die Bildung des energiereichen π-Komplexes leitet die elektrophile Substitution ein. Im Energieschema entspricht der π-Komplex einer Energiemulde auf dem „Energieberg“ (nicht gezeigt). Durch die anschließende Bindung des Elektrophils an den Ring wird das aromatische System aufgehoben und es entsteht der σ-Komplex. Bei diesem verteilt sich die positive Ladung über 5 C-Atome (Mesomerie, ↑ S. 84). Dem σ-Komplex entspricht die Energiemulde auf dem Weg in das „Energietal“, welches durch die Rearomatisierung erreicht wird. Der Energiegewinn bei der Produktbildung resultiert aus der Wiederherstellung des aromatischen Zustands.

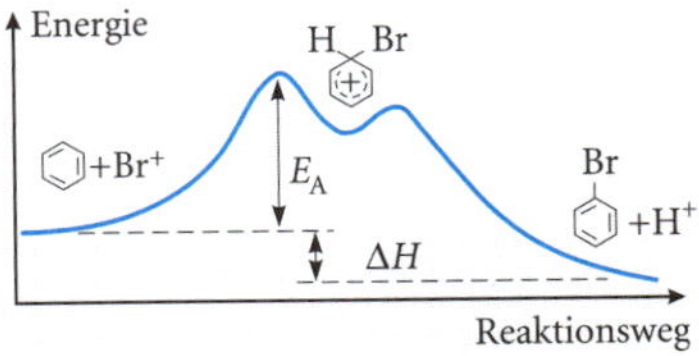

Energieverlauf bei der Bromierung von Benzen

Substitutionsregeln für die Zweitsubstitution

Durch Eintritt eines Substituenten sind die anderen Positionen am Benzenkern unterscheidbar. Man definiert *ortho-*, *meta-* und *para*-Positionen. Es existieren je zwei gleichberechtigte *ortho-* bzw. *meta*-Stellungen, aber nur eine *para*-Stellung. Sowohl die Reaktivität des Aromaten als auch der Ort der weiteren Substitution (elektrophile *Zweit*-Substitution) sind abhängig von der elektronischen Struktur des Erstsubstituenten. Man differenziert zwischen Substituenten erster und zweiter Ordnung.

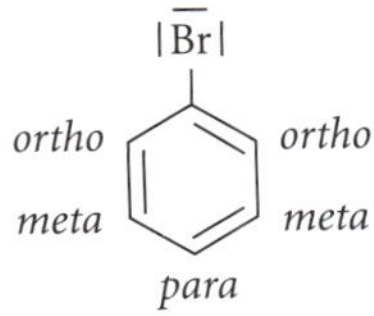

Substituenten erster Ordnung

Sie besitzen freie Elektronenpaare (-$\overline{\text{O}}$H, -$\overline{\text{N}}\text{H}_2$, -$\text{CH}_3$, -$\overline{\underline{\text{F}}}|$, -$\overline{\underline{\text{Cl}}}|$, -$\overline{\underline{\text{Br}}}|$, -$\overline{\underline{\text{I}}}|$), liefern Elektronen in den Benzenring und erhöhen die Reaktivität am Benzenkern. Sie dirigieren potenzielle Zweitsubstituenten in *ortho*- oder *para*-Stellung.

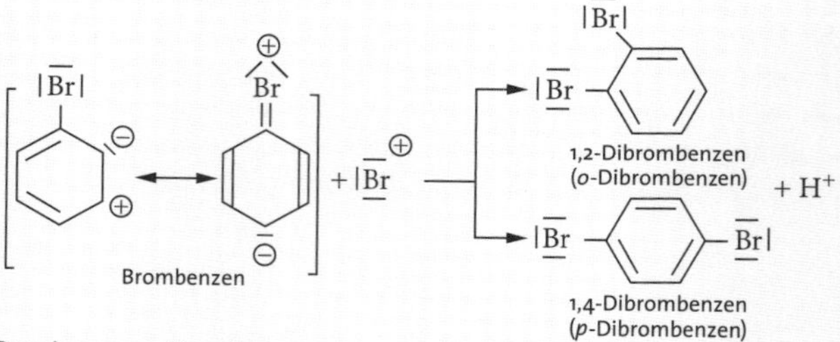

Bromierung von Brombenzen

Substituenten zweiter Ordnung

Sie besitzen Doppel- oder Dreifachbindungen (-NO_2, -CHO, -COOH, -C≡N), ziehen Elektronen aus dem Benzenring heraus und setzen die Reaktivität am Benzenkern herab. Sie dirigieren potenzielle Zweitsubstituenten in *meta*-Stellung.

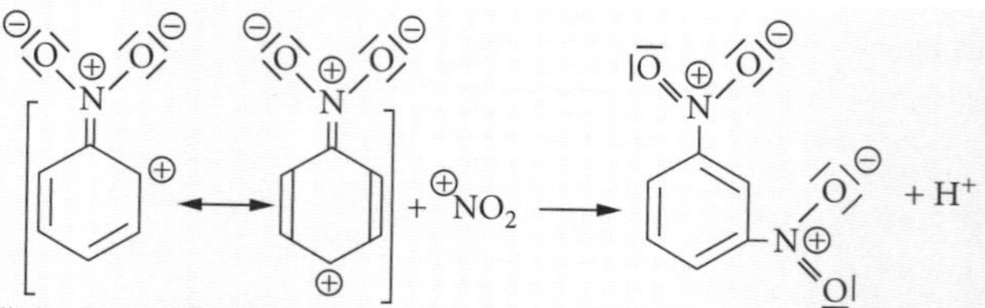

Nitrierung von Nitrobenzen

1,3-Dinitrobenzen (*m*-Dinitrobenzen)

> Ist am Benzenkern eine Kohlenstoffkette gebunden (Seitenkette), kann der Angriff eines Substituenten entweder am Benzenkern oder an der Seitenkette stattfinden:
> **SSS-Regel:** **S**onne und **S**iedehitze dirigieren in die **S**eitenkette
> **KKK-Regel:** **K**älte und **K**atalysator dirigieren an den **K**ern.

4.7 Alkohole

Alkohole (Alkan*ole*) sind Oxidationsprodukte der Kohlenwasserstoffe.

$$2\,CH_3-\overset{-III}{C}H_3 + \overset{\pm 0}{O_2} \rightarrow 2\,CH_3-\overset{-I}{C}H_2-\overset{-II}{O}H$$

Alkohole erkennt man an ihrer funktionellen Gruppe, der OH-Gruppe. Verwendet man die für Alkylgruppen übliche Abkürzung „R“ (für -CH_3 Methylrest, -C_2H_5 Ethylrest usw.) lautet die allgemeine Formel eines Alkoholmoleküls:

$R-\overline{\underline{O}}-H$

Die größere Elektronegativität des Sauerstoffs gegenüber dem Kohlenstoff führt dazu, dass die Ladungen im Alkoholmolekül ungleichmäßig verteilt sind:

$$\gt\overset{\delta+}{C}-\overset{\delta-}{\overline{\underline{O}}}-H$$

Die Namen der Alkohole verwenden den Wortstamm des Alkannamens mit der Silbe -*ol*.

Oxidationszahlenermittlung organischer Verbindungen

Bei Elektronenpaarbindungen (↑ S. 61) ordnet man formal das Bindungselektronenpaar dem elektronegativeren Bindungspartner zu. Dieser erhält dann rechnerisch das Elektron, das vom elektropositiveren Bindungspartner stammt. Seine Oxidationszahl erniedrigt sich dadurch um eine Einheit. Jedes Bindungselektronenpaar muss allein für sich betrachtet werden. Zur Berechnung der Oxidationszahl eines C-Atoms muss man die Summe über alle vier C-Bindungen erstellen. C-C-Bindungen bleiben wegen der gleichen Elektronegativität der C-Atome unberücksichtigt. C-Atome (2,5) sind elektronegativer als H-Atome (2,2). Bei Elementen ist die Oxidationszahl der Atome null.

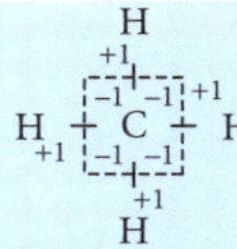

Im Methan: C-Atom -IV

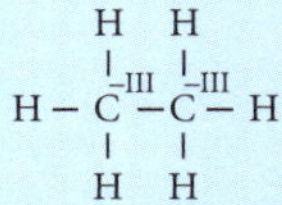

Im Ethan: Jedes C-Atom -III

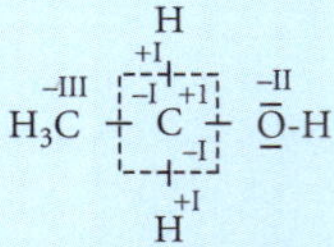

Im Ethanol: Ein C-Atom -III, das andere -I

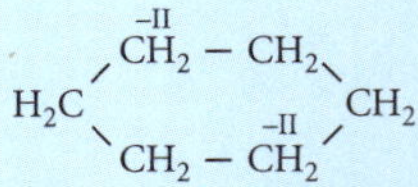

Im Cyclohexan: Jedes C-Atom -II

Reaktionen und Bildung von Alkoholen

Alkoholat-Bildung: Die OH-Gruppe der Alkohole ist streng vom Hydroxid-Ion OH^- zu unterscheiden. Die OH-Gruppe ist stets durch Elektronenpaarbindung an ihren Bindungspartner gebunden, das Hydroxid-Ion geht dagegen eine Ionenbindung ein. Eine typische Reaktion der Alkohole ist die Alkoholat-Bildung. Im stark basischen Bereich ($pH > 12$) kann das Wasserstoffatom der OH-Gruppe im Extremfall abdissoziieren:

$$R{-}\overline{\underline{O}}{-}H + NaOH \longrightarrow R{-}\overline{\underline{O}}|^{\ominus}\ Na^{\oplus} + H_2O$$

Na-Alkoholat

Das Alkoholat-Ion kann als substituiertes Hydroxid-Ion aufgefasst werden. Im Phenolmolekül H_5C_6-OH (Hydroxybenzol) ist dieser Effekt infolge der Mesomerie so stark, dass man es deshalb früher auch Carbolsäure nannte.

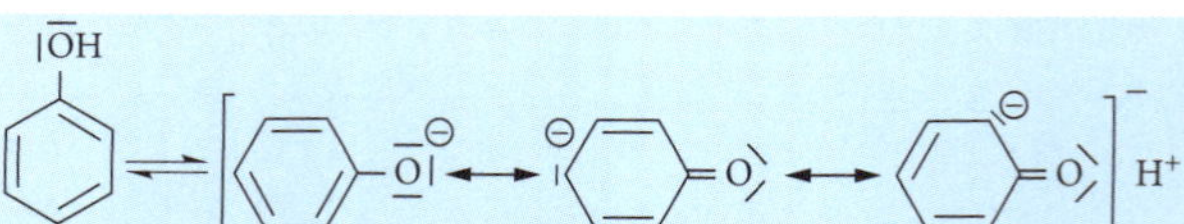

Phenol

Mesomerie im Phenolat-Ion

Nucleophile Substitution: Alkohole entstehen bei der nucleophilen Substitution des Halogenid-Ions von Halogenkohlenwasserstoffen durch ein OH^--Ion. Dabei werden zwei Reaktionsmechanismen unterschieden:

- S_N1-Reaktion
- S_N2-Reaktion

S_N1-Reaktionen finden in zwei Schritten statt. Zuerst erfolgt in einer Gleichgewichtsreaktion die heterolytische Spaltung der polarisierten Elektronenpaarbindung. Als Zwischenstufe entsteht ein Carbokation (↑ S. 85).

Beispiel: 2-Brom-2-methyl-propan (*tert*-Butylbromid)

Aus der Brom-Kohlenstoff-Bindung spaltet sich das Br^--Ion ab.

4

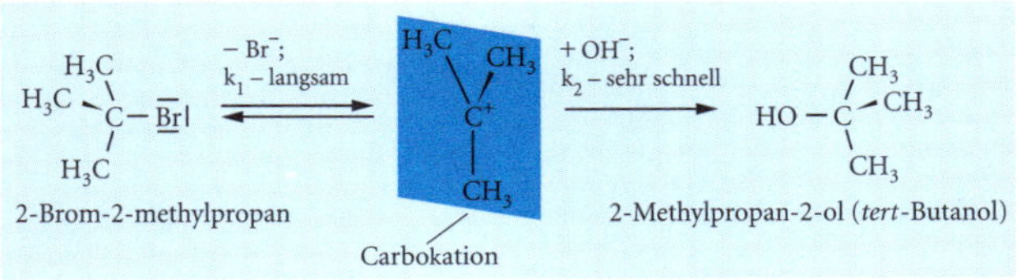

Bei einer S_N2-Reaktion greift das Nucleophil das reagierende sp^3-C-Atom von „hinten“ an und drängt gleichzeitig dessen Bindungspartner aus der Bindung heraus: Es gibt einen „quasi fünfbindigen“ Übergangszustand. Bindungsspaltung und Bindungsneubildung laufen gleichzeitig ab.

Beispiel: Iodmethan

Das nucleophile OH^--Ion verdrängt das I^--Ion.

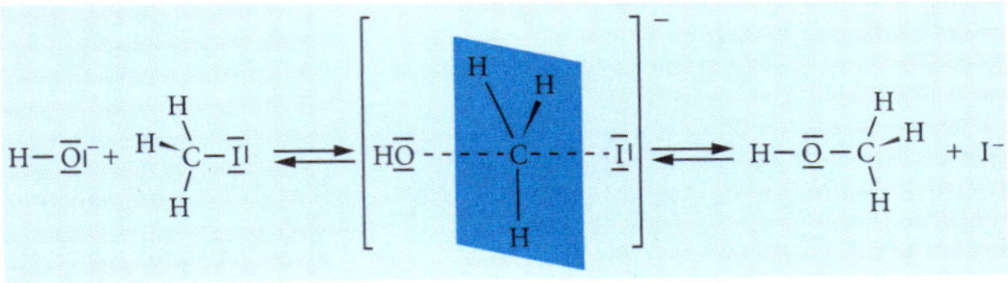

Einteilung der Alkohole

Alkohole gliedert man nach ihrer Wertigkeit und nach dem Grad der Substitution.

Die **Wertigkeit** gibt die Anzahl der OH-Gruppen pro Alkoholmolekül an.

Der **Substitutionsgrad** wird an dem C-Atom gemessen, das die OH-Gruppe trägt. Primäre Alkohole sind an dem C-Atom, an das die OH-Gruppe gebunden ist, einfach substituiert, sekundäre doppelt und tertiäre Alkohole dreifach.

Unterscheidung verschiedener Alkohole

Substitutionsgrad	Formel	Beispiel	Wertigkeit
primär	$R-CH_2-\overline{\underline{O}}H$	$H-CH_2-OH$ Methanol (Methylalkohol)	einwertig
		H_3C-CH_2-OH Ethanol	einwertig
		CH_2-CH_2 | | $OH\quad OH$ Ethan-1,2-diol (Glykol)	zweiwertig
		$CH_2-CH-CH_2$ | | | $OH\quad OH\quad OH$ Propan-1,2,3-triol (Glycerin)	dreiwertig
sekundär	$R_1\diagdown$ $CH-\overline{\underline{O}}H$ $R_2\diagup$	$H_3C-CH-CH_3$ | OH Propan-2-ol	einwertig
tertiär	R_2 | $R_1-C-\overline{\underline{O}}H$ | R_3	CH_3 | $H_3C-C-CH_3$ | OH 2-Methyl-propan-2-ol (*tert*-Butylalkohol)	einwertig

4.8 Ether

Wird im Wassermolekül HOH ein Wasserstoffatom durch eine Alkylgruppe R ersetzt, erhält man einen Alkohol. Substituiert man beide H-Atome, entsteht ein Ether. Die allgemeine Formel eines Ethers lautet:

$R_1–\overline{\underline{O}}–R_2$

Die Sauerstoffbrücke zwischen zwei C-Atomen ist die funktionelle Gruppe der Ether.

Darstellung:

1) nach Williamson: $R_1 - \overline{\underline{O}}|^{\ominus}\ Na^{\oplus} + |\overline{\underline{Cl}} - R_2 \longrightarrow R_1 - \overline{\underline{O}} - R_2 + NaCl$

Alkoholat | Halogen-KW | Ether

2) mit Katalysator: $R_1 - \overline{\underline{O}}H + H\overline{\underline{O}} - R_2 \xrightarrow{H_2SO_4} R_1 - \overline{\underline{O}} - R_2 + H_2O$

Aus Ethanol kann mit dem Katalysator Schwefelsäure sowohl Diethylether wie auch Ethen C_2H_4 entstehen. Die Bildung von Ethen ist unter Standardbedingungen endergonisch, diejenige von Diethylether exergonisch (↑ S. 48). Bei höheren Temperaturen verschieben sich die Verhältnisse zugunsten von Ethen (Einfluss der höheren Teilchenzahl), da das Entropieglied $T\Delta S$ der Gibbs-Helmholtz-Gleichung stärker ins Gewicht fällt.

$$2\ H_5C_2 - \overline{\underline{O}}H \xrightarrow{H^+} 2\ C_2H_4 + 2\ H_2O$$

$$2\ H_5C_2 - \overline{\underline{O}}H \xrightarrow{H^+} H_5C_2 - \overline{\underline{O}} - C_2H_5 + H_2O$$

Wichtige Ether

$H_3C\text{-}\overline{\underline{O}}\text{-}CH_3$	Dimethylether
$H_5C_2\text{-}\overline{\underline{O}}\text{-}C_2H_5$	Diethylether

Kronenether können Alkalimetall-Ionen maskieren. Die Kalium-Ionen des Kaliumpermanganats werden zum Beispiel in unpolaren Lösemittel gebunden, sodass die Permanganat-Ionen MnO_4^- ohne Solvathülle vorliegen („nackte“ Anionen). Solche Permanganat-Ionen sind besonders starke Oxidationsmittel.

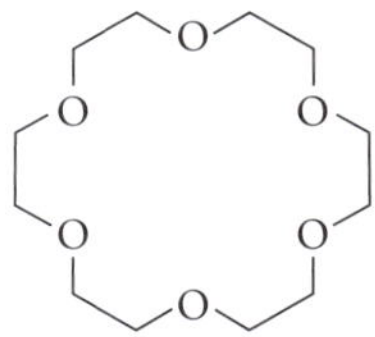

Kronenether (18-Krone-6)

TCDD ist ein bekanntes Carcinogen, das besonders bei unvollständigen Verbrennungen mit relativ niederen Temperaturen (300 °C) entsteht (Seveso-Gift). Es zählt ebenfalls zu den Ethern. Dioxine findet man auch in Rauchgasen und Produktionsrückständen, sie kommen ubiquitär vor. Das Grundgerüst des Dioxins ist im Pflanzenreich relativ häufig anzutreffen.

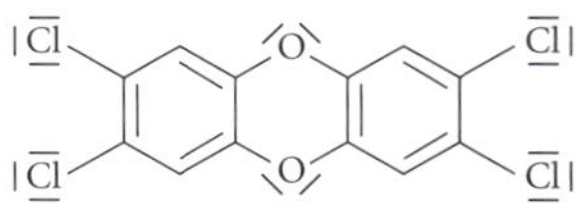

2,3,7,8-Tetrachloridibenzo-1,4-dioxin (2,3,7,8-TCDD)

Technisch wichtig ist der ***tert*-Butylmethylether** (MTB-Ether), der ein sehr gutes Antiklopfmittel ist und den gesetzlich vorgeschriebenen Ersatz des Bleitetraethyls $Pb(C_2H_5)_4$ in Motorentreibstoffen ohne Qualitätsverlust ermöglichte. Seine Herstellung erfolgt aus dem 2-Methylpropen (Isobuten) der Crackgase (↑ S. 165).

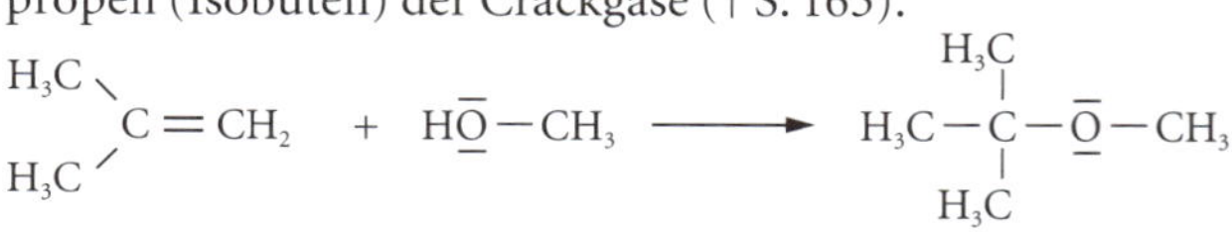

2-Methylpropen (Isopropen)

tert-Butylmethylether

Bei dieser Reaktion handelt es sich um eine nucleophile Addition, da das Sauerstoffatom am tertiären Carbokation anteilig wird, das im Reaktionsverlauf aus 2-Methylpropen entsteht.

4.9 Aldehyde

Aldehyde (Systemname: Alkan*al*e) sind Oxidationsprodukte der Alkohole. Diese lassen sich wiederum durch Oxidation aus den entsprechenden Kohlenwasserstoffen gewinnen.

Ethanol

Acetaldehyd (Ethanal)

Eine Oxidation erkennt man nicht nur an der Reaktion mit Sauerstoff und der Abgabe von Elektronen, sondern auch am Entzug von Wasserstoff. Der Name „Aldehyd" leitet sich vom lateinischen Ausdruck ***al***cohol ***dehyd***rogenatus ab. Die allgemeine Formel eines Aldehyds lautet:

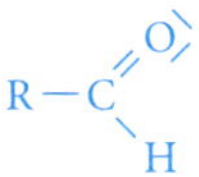

Homologe Reihe der Aldehyde

Homologe Reihe der Aldehyde		
Systemname	**Trivialname**	**Formel**
Methanal	Formaldehyd	H-CHO
Ethanal	Acetaldehyd	$H_3C\text{-}CHO$
Propanal	Propionaldehyd	$H_3C\text{-}CH_2\text{-}CHO$
Butanal	Butyraldehyd	$H_3C\text{-}CH_2\text{-}CH_2\text{-}CHO$
Benzaldehyd	Benzaldehyd	$H_5C_6\text{-}CHO$

Nur im Formaldehyd besitzt das C-Atom der Aldehydgruppe die Oxidationszahl ± 0. In allen anderen aliphatischen Aldehyden liegt sonst die Oxidationszahl +I vor.

Die **Carbonylgruppe** oder **Ketogruppe** >C=O ist Bestandteil der funktionellen Aldehydgruppe. Die Doppelbindung besteht aus zwei energetisch unterschiedlichen Elektronenpaaren (↑ S. 79), dem σ- (energieärmer) und dem π-Elektronenpaar (energiereicher). Da aber das Sauerstoffatom eine größere Elektronegativität als das C-Atom besitzt, befinden sich die Elektronenpaare der Doppelbindung nicht genau in der Mitte der Bindungspartner, sie werden zum Sauerstoffatom hingezogen, was die Reaktivität der Aldehyde steigert.

Reaktionsmöglichkeiten der Aldehyde

Angriffspunkt für chemische Reaktionen von Aldehyden kann sowohl das C-Atom als auch das O-Atom der Carbonylgruppe sein. Wichtige Zwischenstufen sind das Carbokation und das Carbanion (↑ S. 85).

Bildung von Carbokationen: Durch Energiezufuhr und Protonenkatalyse kann im Extremfall das π-Elektronenpaar der Aldehydgruppe ganz zum elektronegativeren Sauerstoffatom gezogen werden. Das dadurch entstandene Carbokation ermöglicht nucleophile Substitutionen bzw. Additionen.

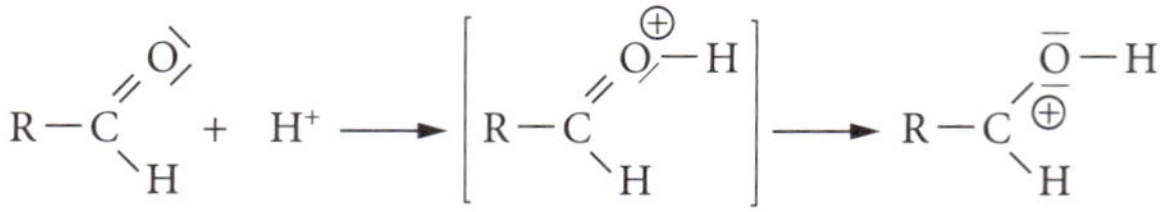

Das C-Atom der Aldehydgruppe liegt im sp^2-Hybridisierungszustand vor.

Bildung von Carbanionen: Für chemische Reaktionen von Carbonylverbindungen spielt das **α-C-Atom** – d. h. das der funktionellen Gruppe (↑ S. 73) direkt benachbarte C-Atom (blau) – eine wichtige Rolle.

Beispiele:

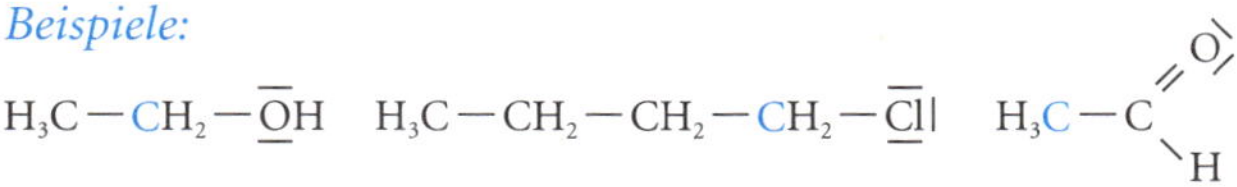

Ethanol   1-Brombutan   Acetaldehyd

Wenn am α-C-Atom ein Wasserstoffatom als Proton abdissoziiert, entsteht ein konjugiertes System (↑ S. 84). Das so entstandene Carbanion ist mesomeriestabilisiert und kann z. B. nucleophile Additionen eingehen.

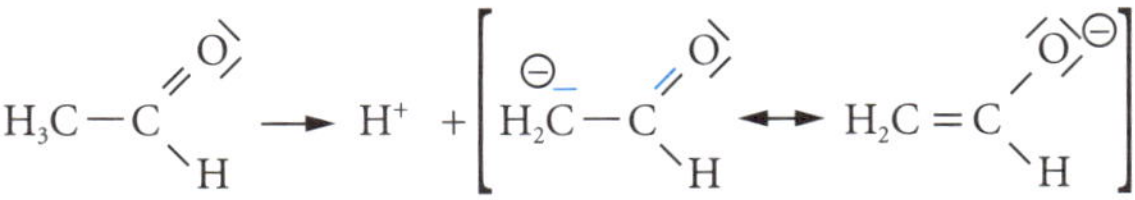

mesomeriestabilisiertes Carbanion

Oxidation und Reduktion

Das C-Atom der funktionellen Gruppe der Aldehyde besitzt eine mittlere Oxidationszahl und kann deshalb sowohl als Oxidationsmittel wie auch als Reduktionsmittel reagieren.

Wichtige Reaktionen der Aldehyde

Die reduzierende Wirkung der Aldehydgruppe ist die Grundlage vieler Nachweisreaktionen.

Fehling-Reaktion: Glucosenachweis mit Fehling-Lösung.

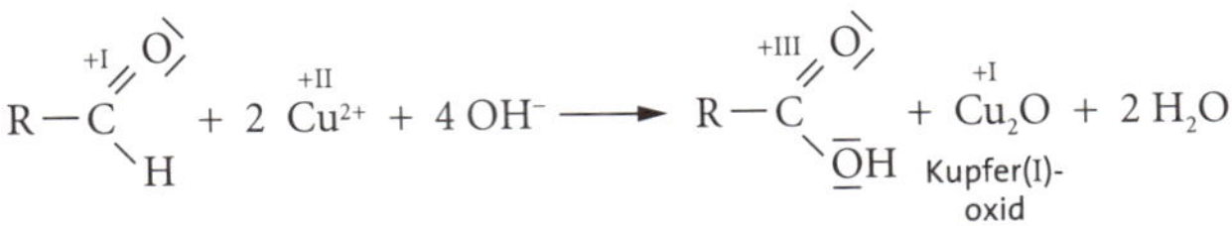

Kupfer(I)-oxid fällt bei dieser Reaktion als ziegelroter Niederschlag aus und dient zum **Nachweis der Aldehyde.**

Im Basischen würde allerdings Kupfer(II)-hydroxid $Cu(OH)_2$ ausfallen. Um dies zu verhindern, setzt man der Fehling-Lösung Tartrat-Ionen zu (Anionen der Weinsäure), die Cu^{2+}-Ionen vor ihrer Reduktion als Komplex in Lösung halten.

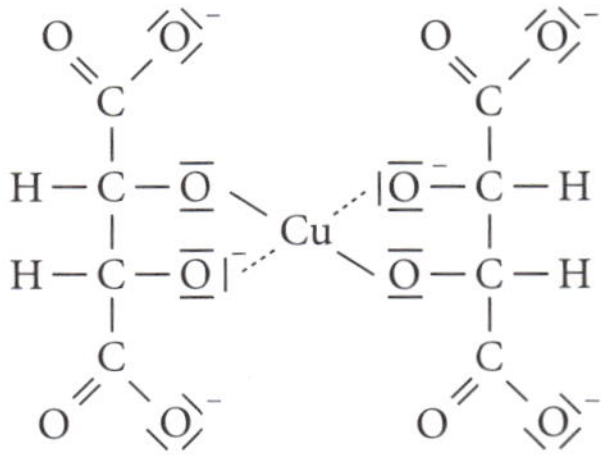
Fehling-Komplex

Tollens-Reaktion: Die Tollens-Reaktion, auch **Silberspiegel-Probe** genannt, ist eine andere wichtige Nachweisreaktion für Aldehyde.

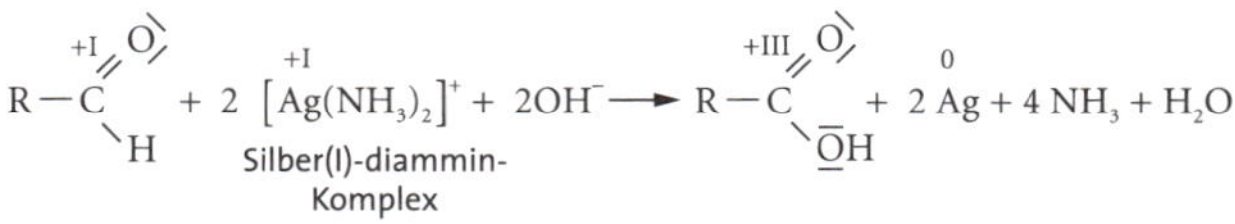

Wasserstoff kann Aldehyde zu Alkoholen reduzieren.

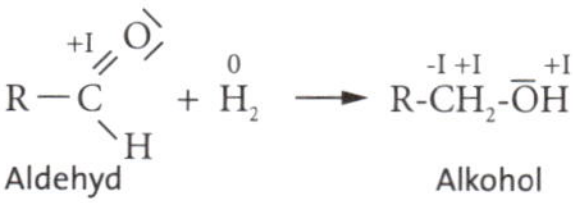

Aldehyde als Reduktionsmittel

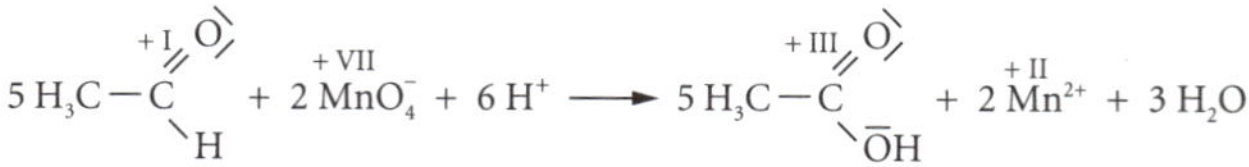

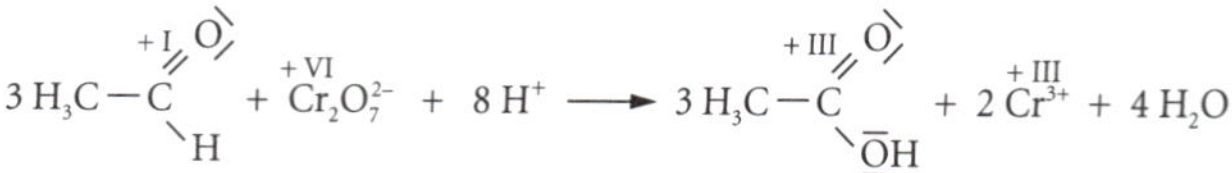

Aldehyde treten dabei jeweils als Reduktionsmittel auf und werden selbst zur Oxidationsstufe III (Carbonsäure) oxidiert.

Aldoladdition

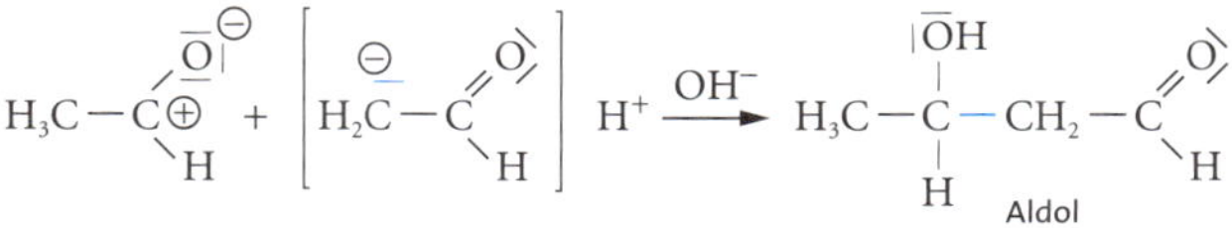

Aldol

Die Aldoladdition bietet die Möglichkeit, neue C-C-Bindungen zu knüpfen. Durch innermolekulare Wasserabspaltung können unter Protonenkatalyse auch Doppelbindungen synthetisiert werden.

Technisch stellt man Aldehyde zum Beispiel durch **Hydroformylierung** (früher: Oxosynthese) her. Dabei reagiert Ethen mit Synthesegas. Synthesegas ist ein Gemisch aus Kohlenstoffmonooxid und Wasserstoff.

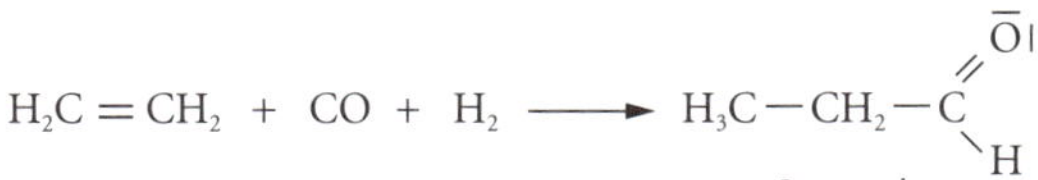

Propanal

4.10 Ketone

Ket*one* sind Oxidationsprodukte der sekundären Alkohole.

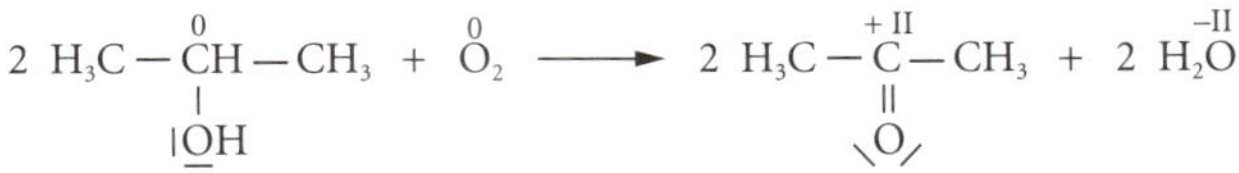

Propan-2-ol Propan-2-on

Die Namen der Ketone bildet man vom Wortstamm der Alkannamen durch Anhängen der Silbe *–on*.

Allgemeine Formel der Ketone:

Homologe Reihe der Ketone

Homologe Reihe der Ketone		
Systemname	**Trivialname**	**Formel**
Propan-2-on	Aceton	$H_3C\text{-}CO\text{-}CH_3$
Butan-2-on	Methyl-ethyl-keton	$H_3C\text{-}CO\text{-}C_2H_5$
Pentan-2-on	Diethylketon	$H_5C_2\text{-}CO\text{-}C_2H_5$

Das C-Atom der funktionellen Gruppe trägt in der Regel die Oxidationszahl II.

Einfache acyclische Ketone sind gute Lösemittel.

Das Aceton stellt man aus dem Propen der Crackgase her (↑ S. 160).

Wichtige Ketone		
Name Summenformel	**Formel**	**Verwendung**
Cyclohexanon $C_6H_{10}O$	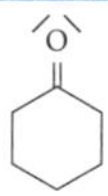	Ausgangsstoff zur Produktion von ε-Caprolactam (Polyamidsynthese)
Acetophenon C_8H_8O	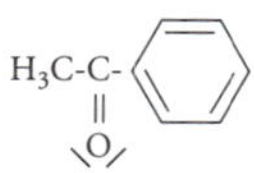	löst Nitrocellulose; dient der Parfümierung von Tensiden
Benzophenon $C_{13}H_{10}O$	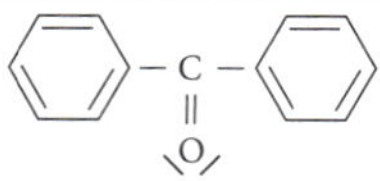	in der kosmetischen Industrie (Lichtschutz); in der Fotochemie (Sensibilisator); in der Elektrooptik
Dihydroxyaceton	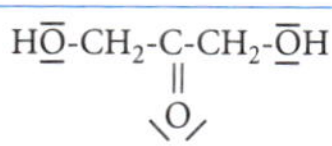	in Selbstbräunungsmitteln

4.11 Carbonsäuren

Carbonsäuren sind die Oxidationsprodukte der Aldehyde.

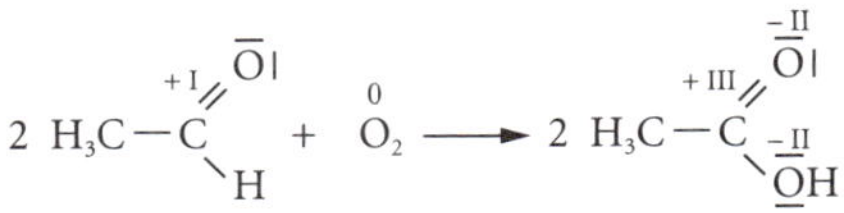

Die allgemeine Formel der Carbonsäuren ist:

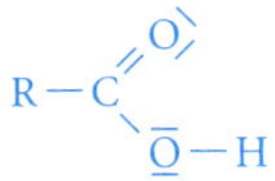

Die funktionelle Gruppe der Carbonsäuren wird **Carboxylgruppe** genannt.

Homologe Reihe der Carbonsäuren

Homologe Reihe der Carbonsäuren		
Systemname	**Trivialname**	**Formel**
Methansäure	Ameisensäure	H-COOH
Ethansäure	Essigsäure	H_3C-COOH
Propansäure	Propionsäure	H_3C-CH_2-COOH
Butansäure	Buttersäure	H_3C-CH_2-CH_2-COOH

In wässriger Lösung geben Carbonsäuren ein Proton aus der Carboxylgruppe ab.

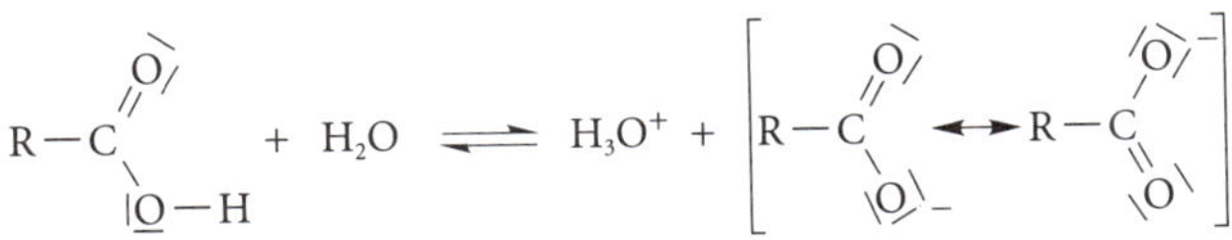

Dissoziation der Carboxylgruppe

Mesomerie beim Carboxylat-Ion

Das Abdissoziieren des Protons wird durch die stärker mesomeriestabilisierte Ausbildung eines konjugierten Systems begünstigt. Der Elektronegativitätsunterschied zwischen O- und H-Atom unterstützt diesen Vorgang.

Eine wichtige Reaktion der Carbonsäuren ist die Neutralisation. Carbonsäuren sind schwache Säuren (↑ S. 20).

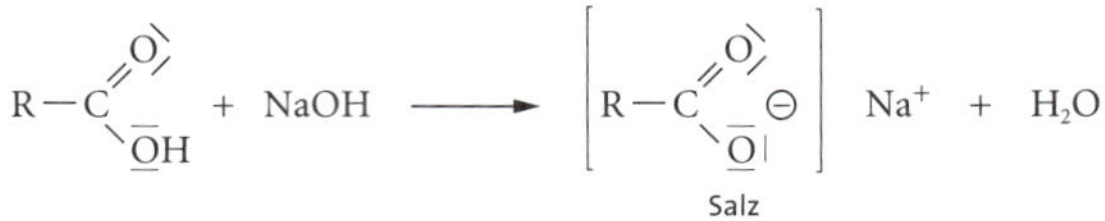

Salze schwacher Säuren und starker Basen reagieren in wässriger Lösung basisch (↑ S. 28).

Arten von Carbonsäuren

- **Fettsäuren** sind höhere Carbonsäuren mit mindestens acht C-Atomen, z. B. Stearinsäure H_3C-$(CH_2)_{16}$-COOH (Octadecansäure). Sie sind am Aufbau der Fette beteiligt. Natrium- und Kaliumsalze der Fettsäuren sind **Seifen.**
- **Dicarbonsäuren** sind Carbonsäuren mit zwei Carboxylgruppen, z. B. Bernsteinsäure HOOC-$(CH_2)_2$-COOH.
- **Aminosäuren** enthalten die Aminogruppe –NH_2. Wichtig sind α-Aminosäuren, da sie am Aufbau der Eiweißstoffe beteiligt sind. Bei α-Aminosäuren ist die Aminogruppe am α-C-Atom gebunden, z. B. Glycin $H_2C(NH_2)$-COOH.
- **Hydroxysäuren** enthalten eine oder mehrere OH-Gruppen, z. B. 2-Hydroxypropansäure (Milchsäure) H_3C-CH(OH)-COOH. Milchsäure entsteht bei der Vergärung von Kohlenhydraten durch Bakterien (Milchsäuregärung).
- **Oxosäuren** (Ketosäuren) enthalten eine Carbonylgruppe, z. B. Brenztraubensäure H_3C-CO-COOH.
- **Halogencarbonsäuren,** z. B. Chloressigsäure Cl-H_2C-COOH.

Induktiver Effekt

Sind in der Kohlenstoffkette einer Carbonsäure Substituenten gebunden, die eine größere Elektronegativität als C-Atome besitzen, ziehen sie Elektronen zu sich (–I-Effekt). Ist die Elektronegativität geringer als die der C-Atome, ziehen C-Atome Elektronen in die Kette hinein (+I-Effekt). *Beispiel:* Chloratome üben einen –I-Effekt aus und erhöhen damit die Säurestärke.

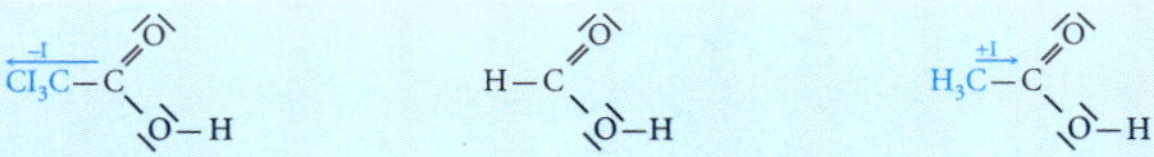

Trichloressigsäure $pK_s = 1{,}25$ · Ameisensäure $pK_s = 3{,}75$ · Essigsäure $pK_s = 4{,}75$

Esterbildung

Die Veresterung ist eine wichtige Gleichgewichtsreaktion der Carbonsäuren. Bei der Esterbildung reagieren:

Carbonsäure + Alkohol $\rightleftharpoons$ Ester + Wasser

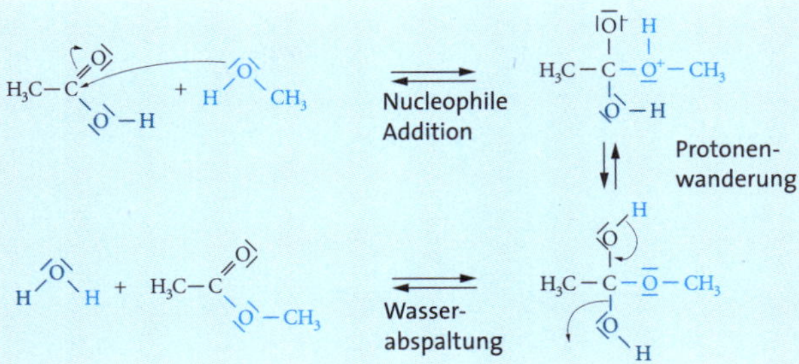

Mechanismus der Carbonsäureesterbildung

Die Wasserabspaltung erfolgt dabei mit der OH-Gruppe aus der Carboxylfunktion der Carbonsäure und dem Proton aus der OH-Gruppe des primären Alkoholmoleküls. Diesen Mechanismus konnte man mit Hilfe der Isotopenmarkierung nachweisen. Verwendet man schweren Sauerstoff [^{18}O] im Alkoholmolekül, so findet sich dieses Isotop (↑ S. 61) im Estermolekül und nicht im Wasser.

Bei der Herstellung von Biodiesel muss der dreiwertige Alkohol Glycerin durch jeweils einen einwertigen Alkohol pro Fettsäurerest ersetzt werden, damit Rapsöl (Glycerinester) den Anforderungen der direkteinspritzenden Dieselmotoren als Biodiesel genügt. Für diese **Umesterung** verwendet man häufig Methanol.

Fette

Fette sind Ester aus Glycerin (Propan-1,2,3-triol) und Fettsäuren, insbesondere der

- Palmitinsäure (Hexadecansäure): $H_3C\text{-}(CH_2)_{14}\text{-}COOH$
- Stearinsäure (Octadecansäure): $H_3C\text{-}(CH_2)_{16}\text{-}COOH$
- Ölsäure (9-Octadecensäure): $H_3C\text{-}(CH_2)_7\text{-}HC{=}CH\text{-}(CH_2)_7\text{-}COOH$

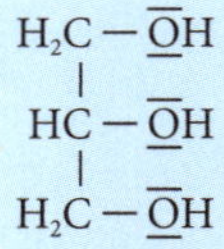

Glycerin
Propan-1,2,3-triol

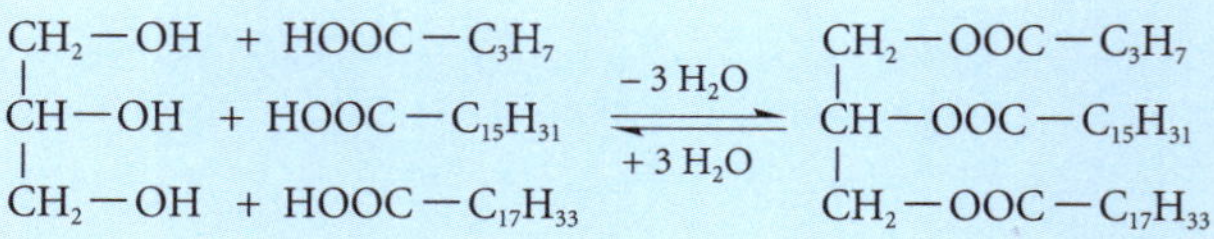

Jede OH-Gruppe kann prinzipiell mit einer anderen Carbonsäure reagieren (hier: Buttersäure, Palmitinsäure, Ölsäure). Die Esterbildung wird sowohl durch OH^--Ionen wie auch durch Protonen katalysiert. Im Organismus wirken Enzyme (Esterasen, Lipasen u. a.) als Katalysatoren. Die Umkehrung der basisch katalysierten Esterbildung nennt man **Verseifung**. Bei dieser Reaktion entstehen keine freien Fettsäuren, sondern deren Salze.

4.12 Synthetische Makromoleküle

Polymere bestehen aus Makromolekülen mit Molekülmassen von mehr als 10 000 g mol^{-1}. Sie werden aus kleinen Molekülen (monomeren) synthetiziert, sodass in der Struktur eines Polymers immer wiederkehrende gleichartige Bausteine auftreten. Je nach Art der verwendeten Monomere können kettenförmige oder vernetzte Makromoleküle entstehen.

Bei der Synthese der Makromoleküle von Kunststoffen unterscheidet man drei Arten chemischer Reaktionen, nach denen die Bausteine verbunden werden:

- Polymerisation
- Polykondensation
- Polyaddition

Die Art der Reaktion und ihre technische Ausführung beeinflussen maßgeblich die Eigenschaften der hergestellten Kunststoffe.
Hinsichtlich der Werkstoffeigenschaften unterscheidet man:

- Thermoplaste, die bei Erwärmung formbar sind
- Duroplaste, die sich bei Erwärmung zersetzen
- Elastomere, die elastisch verformbar sind

Polymerisation

In einer **Polymerisation** reagieren Monomere, die mindestens eine Doppelbindung enthalten, als Ausgangsstoffe. In einer exothermen Kettenreaktion, bei der keine weiteren Endprodukte entstehen, bilden sich Makromoleküle.

Wichtige Monomere sind: Ethen (↑ S. 79, 163), Vinylchlorid (↑ S. 82), Acrylnitril und Styren.

$H_2C{=}CH{-}C{\equiv}N|$

Acrylnitril

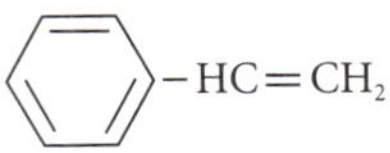

Styren

Ablauf der radikalischen Polymerisation

Startreaktion: Bildung von Monomerradikalen

Kettenwachstum (n mal)

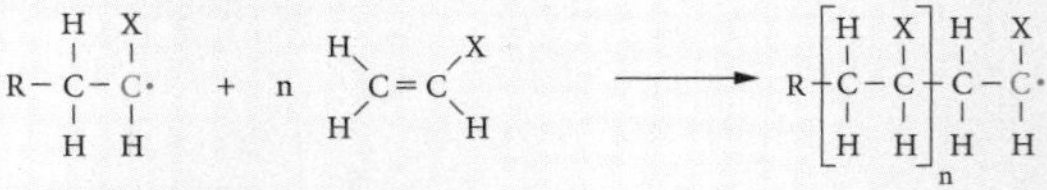

Abbruchreaktionen

Rekombination von Radikalen $R\cdot + \cdot R \longrightarrow R{-}R$

Polykondensation

Bei der **Polykondensation** reagieren Ausgangsstoffe, die jeweils mindestens zwei funktionelle Gruppen besitzen. Unter zwischenmolekularer Abspaltung kleinerer Moleküle (Wasser, Ammoniak, Chlorwasserstoff u. a.) entstehen Makromoleküle.

Bildung eines Polyesters durch vielfache Wiederholung der Veresterung (↑S. 105)

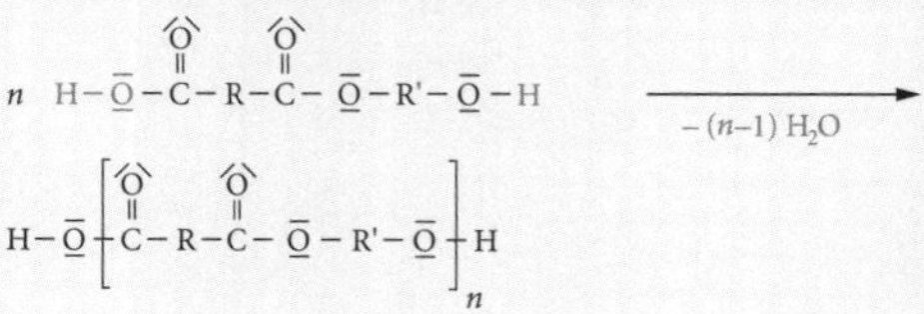

Bildung eines Polyamids durch vielfache Wiederholung der Carbonsäureamidbildung bei der Nylon-Synthese

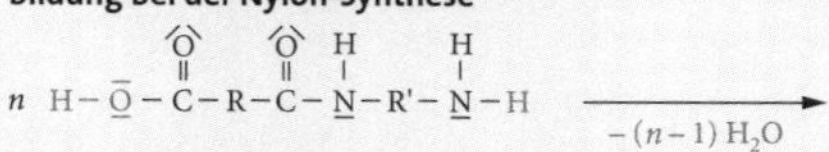

$R = (CH_2)_4$; $R' = (CH_2)_6$

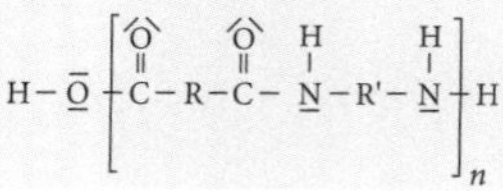

Makromoleküle kann man an ihren typischen Verknüpfungsstellen erkennen, zum Beispiel:

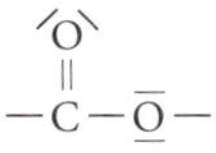

Esterbindung im Polyester

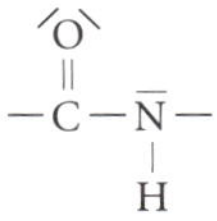

Pepitidbindung im Polyamid

Polyaddition

Bei einer **Polyaddition** setzt man Diisocyanate als Ausgangsverbindungen ein, die mit Diolen reagieren. Dabei kommt es immer zur Wanderung eines Protons.

Bildung eines Polyurethans durch Polyaddition

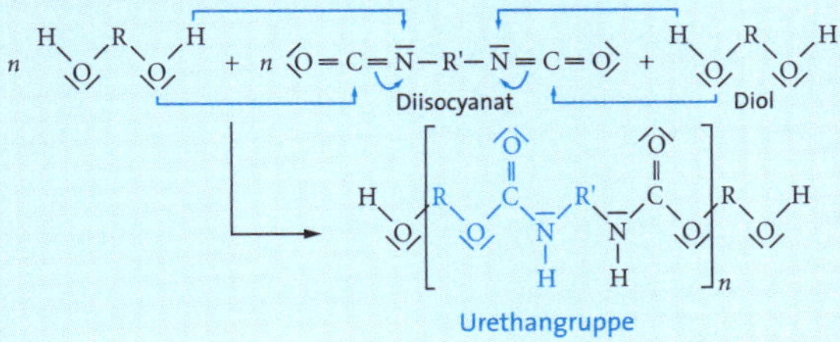

Aus Diisocyanaten und Diolen entstehen Polyurethane, die als Schaumstoffe verwendet werden. Bei der Reaktion monomerer Isocyanate mit Wasser (Hydrolyse) entstehen Amine und Kohlenstoffdioxid, das aufschäumend wirkt.

Hydrolyse führt zur CO_2-Bildung (Aufschäumen)

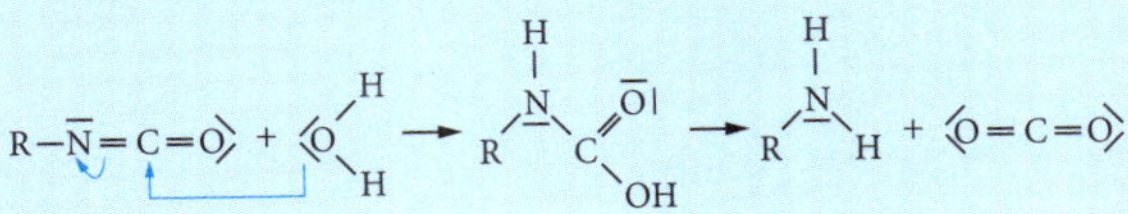

Synthesekautschuk

Synthesekautschuk kann durch Polyaddition (Polyurethankautschuk), durch Polykondensation (Siliconkautschuk) und durch Polymerisation (Butadienkautschuk) hergestellt werden.

Um die Eigenschaften eines Kautschuks seinem Verwendungszweck besser anzupassen, führt man **Copolymerisation** durch. Dabei polymerisiert man gleichzeitig mehrere Monomere.

$$n\,H_2C=CH-CH=CH_2 \longrightarrow \left[\!-H_2C-CH=CH-CH_2-\right]_n$$

Buta-1,3-dien — Polybutadien

Buta-1,3-dien polymerisiert man oft mit Styrol und/oder Acrylnitril zusammen. Über die Doppelbindung in Position 2 können Polymerketten vernetzen. Bei der Vulkanisation geschieht dies zum Beispiel mit Schwefel über Disulfidbrücken.

Im Buta-1,3-dien findet **Mesomerie** statt. Die Bindungsabstände einer Doppelbindung (0,135 nm) werden verlängert, die einer Einfachbindung (0,154 nm) werden verkürzt.

π-Orbitale im Butadien (oben) und delokalisierte π-Elektronenwolke (unten)

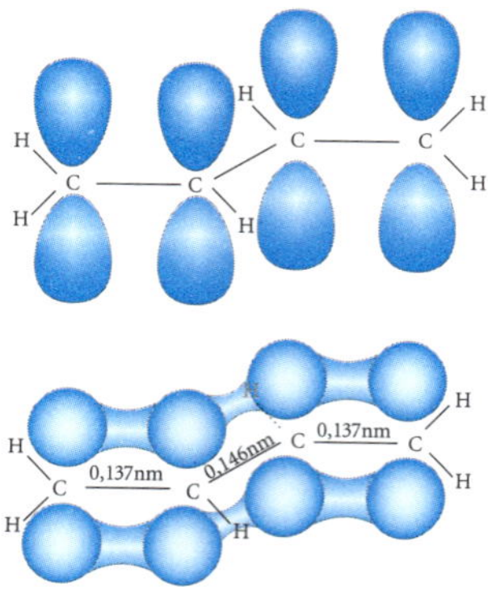

Mesomere Grenzformeln für Butadien

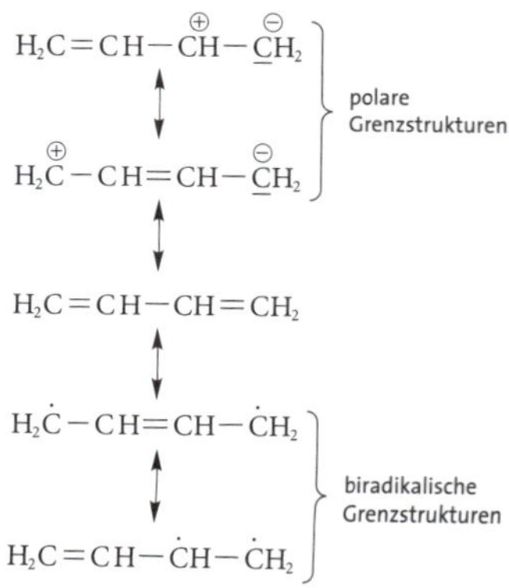

4.13 Oxidationsstufen des Kohlenstoffatoms

Da jedes C-Atom vier Valenzelektronen besitzt ($2\,s^2\,2\,p^2$), können zum Erreichen einer stabilen Edelgaskonfiguration sowohl vier Elektronen aufgenommen wie auch vier Elektronen abgegeben werden. Die **Oxidationszahlen** schwanken deshalb je nach Bindungspartner zwischen -IV und +IV.

Systematik der Oxidationszahlen und Stoffklassen

Oxidationszahlen	Beispiele
–IV	Methan CH_4
–III	Ethan H_3C-CH_3 (u. a. gesättigte Kohlenwasserstoffe)
–II	Ethen C_2H_4, Propan $H_3\overset{III}{C}$-$\overset{-II}{C}H_2$-$\overset{-III}{C}H_3$, Methanol H_3C-OH, Cyclohexan C_6H_{12}
–I	Ethin C_2H_2, Benzol C_6H_6, Ethanol $H_3\overset{-III}{C}$-$\overset{-I}{C}H_2$-OH (u. a. primäre Alkohole)
± 0	Formaldehyd $H_2C{=}O$, Propan-2-ol H_3C-$CH(OH)$-CH_3
+I	Acetaldehyd H_3C-CHO (u. a. Aldehyde)
+II	Aceton H_3C-CO-CH_3 (u. a. Carbonylverbindungen) Kohlenstoffmonoxid CO, Ameisensäure H-$COOH$
+III	Essigsäure H_3C-$COOH$ (u. a. Carbonsäuren)
+IV	Kohlenstoffdioxid CO_2

5 Farbstoffe und Indikatoren

Wichtige Definitionen

Licht und Farbe	
Licht: die elektromagnetischen Wellen des sichtbaren Bereichs, die das Auge als Farbe wahrnimmt	$390\,\text{nm} < \lambda < 780\,\text{nm}$ Formelzeichen: λ Wellenlänge
Energie des Lichts: $E = h \cdot v$ $E = h \cdot \frac{c}{\lambda}$	Formelzeichen: E Einheit: Joule Formelzeichen: h plancksches Wirkungsquantum, v Frequenz, c Lichtgeschwindigkeit
Farbe: Die Farbe eines Stoffs ist die Komplementärfarbe der vom Farbstoffmolekül absorbierten Spektralfarbe. Die Wellenlänge der absorbierten Strahlung hängt von der Molekülstruktur ab.	Komplementärfarben: Rot – Grün Blau – Gelb

Farbstoffe	
chromophore Gruppe: funktioneller Molekülbestandteil mit Mehrfachbindung, welcher UV-Licht absorbiert. Durch Konjugation mit anderen π-Elektronensystemen wird die Absorption in den sichtbaren Bereich verschoben.	Beispiel: $>C{=}C<$ $–N{=}N–$ (Azofarbstoffe) $>C{=}O$

auxochrome Gruppen: Atomgruppen des Farbstoffmoleküls, die freie Elektronenpaare enthalten und farbvertiefend wirken oder die Absorption zu größeren Wellenlängen verschieben **(bathochromer Effekt)**.	Beispiel: $-\overline{\underline{O}}H$, $-\overline{N}H_2$
Beizenfarbstoffe: farbige Verbindungen, die nur auf Fasern haften, die z. B. mit Fe(III)- oder Cr(III)-Salzen („Beize“) imprägniert wurden	Metallhydroxide und Farbstoff bilden farbige Komplexverbindungen. Beispiel: Alizarin
Küpenfarbstoffe: Farbstoffe, die als farblose Leukoverbindung auf die Faser aufgetragen werden	Der eigentliche Farbstoff entsteht aus der Leukoverbindung direkt auf der Faser durch Oxidation. Beispiel: Indigo

Indikatoren

pH-Indikator: ein Farbstoffmolekül, das bei einer bestimmten pH-Differenz seine Farbe ändert	Umschlagsbereich: $pH = pK_S \pm 1$
Phenolphthalein: Farbumschlag im pH-Bereich 8,0–9,8 von farblos in rotviolett	Mesomerie zwischen benzoidem und chinoidem System im Basischen wirkt bathochrom.
Redoxindikator: Farbstoffmolekül, das durch Oxidation oder Reduktion seine Farbe ändert, es bildet selbst ein Redoxsystem	Beispiel: Eriochromschwarz T

5.1 Farbensehen und Farbstoffmoleküle

Treffen alle Spektralfarben des sichtbaren Lichts mit den Wellenlängen 390 bis 780 nm gleichzeitig auf eine Stelle der Netzhaut des Auges, sieht das menschliche Auge **weißes Licht**. Stoffe, die farbig erscheinen, absorbieren einzelne Spektralfarben in diesem Wellenlängenbereich. Der nicht absorbierte, reflektierte Teil des Lichts bildet die **Komplementärfarbe,** in der der betrachtete Stoff gesehen wird.

Strukturmerkmale von Farbstoffmolekülen

Farbstoffe sind organische Moleküle, die meist **konjugierte Doppelbindungen** als **chromophore Gruppen** besitzen. Die π-Elektronen eines solchen konjugierten π-Systems können einen Teil des sichtbaren Lichts absorbieren.

Azofarbstoffe

Azofarbstoffe haben die allgemeine Formel R_1-N=N-R_2. Sie werden in zwei Schritten hergestellt: Ein aromatisches Amin, z. B. Anilin H_5C_6-NH_2, reagiert mit salpetriger Säure HNO_2 zu einem Diazoniumsalz **(Diazotierung),** das mit weiterem Amin eine Diazoverbindung bildet **(Kupplung).**

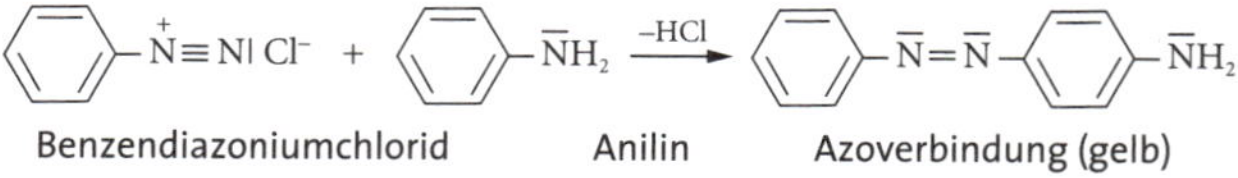

Beispiel: Naphtholorange ist in der Lage, Wolle direkt anzufärben, Baumwolle dagegen nur, wenn ein feiner Film Aluminiumhydroxid aufgetragen wurde **(Beize).**

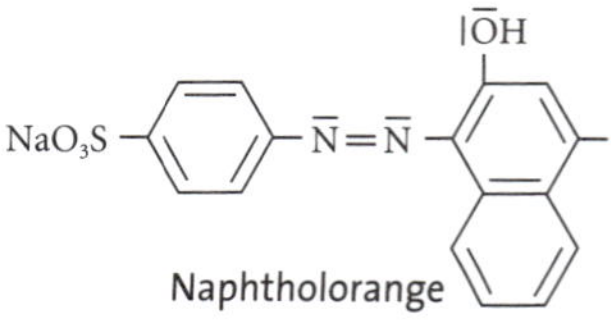

Triarylfarbstoffe

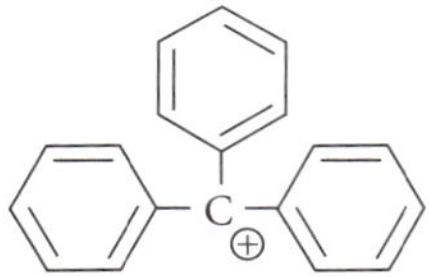

Als Strukturelement enthält jedes Triarylfarbstoffmolekül ein Carbokation. Das zentrale C-Atom kann noch eine weitere Bindung eingehen. In der Leukobase liegt es im sp^3-Zustand vor (wie im Methan). Im Farbstoff ist es sp^2-hybridisiert. Früher nannte man diese Farbstoffklasse auch Triphenylmethanfarbstoffe. Die bekanntesten Vertreter sind Phenolphthalein (↑ S. 120), Kristallviolett und Malachitgrün.

Beispiel: Herstellung von Malachitgrün:

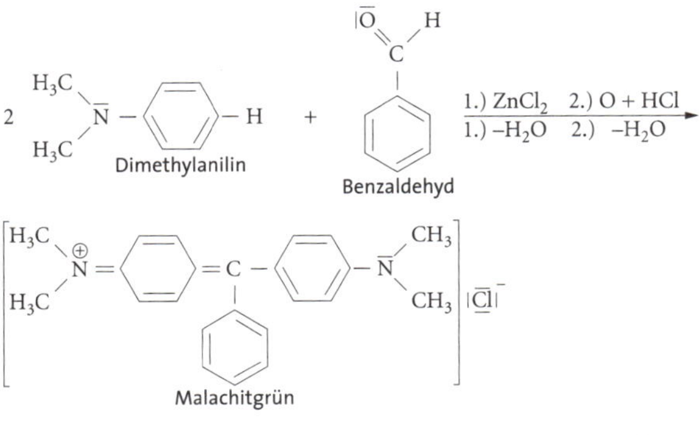

Zunächst entsteht aus Dimethylanilin unter Kondensation mit Benzaldehyd und Zinkchlorid als Katalysator eine farblose Leukobase. Das Absorptionsgebiet liegt im UV. Durch Oxidation im Sauren bildet sich ein chinoides System (↑ S. 86), das zusammen mit dem Dimethylanilin als auxochrome Gruppe fungiert. Die Absorption wird durch Mesomerie zwischen benzoidem und chinoidem System in den sichtbaren Bereich verschoben. Malachitgrün absorbiert im orangeroten Bereich.

Natürliche Farbstoffe

- **Chlorophyll:** Blattpigment, das Pflanzenblättern die grüne Farbe verleiht und Fotosynthese ermöglicht. Es besitzt ein Magnesium-Ion als Zentral-Ion.
- **Anthocyane:** Blüten- und Blattfarbstoffe, die im Zellsaft gelöst sind und zu beobachten sind, wenn im Herbst Chlorophyll abgebaut wird (Laubfärbung).
- **Hämoglobin:** roter Blutfarbstoff, ein Eisenprotein (molare Masse 64 500 g mol^{-1}, Durchmesser ca. 5 nm), das im Knochenmark gebildet wird. Hämoglobin ist in den Erythrozyten enthalten und nimmt in der Lunge Sauerstoff auf, den es in Gewebe und Organe transportiert.
- **Indigo** kommt in der indischen Pflanze *indigofera tinctoria* und dem europäischen Färberwaid vor. Färberwaid wurde im Mittelalter auch in Deutschland angebaut. Die Ermittlung seiner Struktur und Synthese begründete Ende des 19. Jahrhunderts die industrielle chemische Forschung. Synthetischer Indigo wurde 1897 durch die BASF erstmals gehandelt und dient heute z. B. zum Färben der Bluejeans. Indigo ist ein **Küpenfarbstoff.** Der natürliche Farbstoff wird reduziert (Leukoform), auf die Faser aufgebracht und durch Luftsauerstoff oxidiert.
- **Alizarin** ist in der Wurzel der Krapp-Pflanze (Färberröte, *rubia tinctorium*) enthalten, welche seit dem frühen Mittelalter in Mitteleuropa angepflanzt wurde. Alizarin ist ein Beizenfarbstoff, dessen Farbton sich mit dem Einsatz verschiedener Metall-Ionen von Rot über Pink nach Braun ändert. In Gegenwart von Aluminiumsalzen färbt er Fasern rot. Mitte des 19. Jahrhunderts gelang die Synthese des Alizarins erstmals; es wurde 1869 durch die Firma Hoechst AG erstmals produziert.
- **Pigmente** sind in Wasser unlösliche, gefärbte Verbindungen, z. B. Minerale (Ocker, Mennige), verwendet zur Herstellung von Lacken und Dispersionsfarben.

5.2 Chromatografie

Die Chromatografie ist ein Trennverfahren, das z. B. bei der Untersuchung des Chlorophylls eingesetzt wird. Dieses Verfahren beruht auf einem **Separationsprozess** (Trennung), bei dem sich eine gelöste Substanz zwischen einer **stationären Phase** und einer **mobilen Phase** (Fließmittel) verteilt. Unterschiedliche Verbindungen werden dabei von der stationären Phase verschieden gebunden und so getrennt.

Verfahren: Man unterscheidet Dünnschichtchromatografie und Gaschromatografie. Bei Letzterer kann der Separationsprozess auch bei höherer Temperatur und erhöhtem Druck stattfinden. Neben der Trennung von Farbstoffgemischen (z. B. Filzschreiberfarben) eignet sich die Chromatografie auch zur Auftrennung der Bestandteile eines Geruchs (Parfüm, Kaffeeduft) oder zur Trennung der Bestandteile des Erdöls. In der forensischen Chemie (Gerichts-Chemie) finden chromatografische Verfahren zum Beispiel beim Nachweis von Toxinen (Giften) breite Anwendung. Chromatografische Trennungen können auch quantitativ durchgeführt werden.

5

Nachweis und Auswertung

Zum chromatografischen Nachweis und zur Trennung müssen die Substanzen nicht gefärbt sein. Durch geeignete Sprühreagenzien (Ninhydrin, ↑ S. 135) können farblose Substanzen nach der Trennung sichtbar gemacht werden. Bei bekanntem Fließmittel lassen sich Stoffe auch durch ihren typischen R_f-Wert (Retentionsfaktor) identifizieren:

$$R_f = \frac{\text{Laufstrecke der Substanz } \boldsymbol{s}}{\text{Laufstrecke der Fließmittelfront } \boldsymbol{l}}\,.$$

Ionen und Moleküle als Anzeiger

Säure-Base-Indikatoren sind schwache Säuren (↑ S. 20) oder schwache Basen, bei denen das undissoziierte Molekül eine andere Farbe zeigt als das Anion.
Mit der Dissoziation ist eine Änderung der chemischen Struktur verbunden.
Für das Protolysegleichgewicht des Indikators

$$\mathrm{HInd(aq) + H_2O(aq) \rightleftharpoons Ind^-(aq) + H_3O^+(aq)}$$

lässt sich nach dem Massenwirkungsgesetz (↑ S. 12) formulieren:

$$K_s = \frac{c(\mathrm{Ind^-}) \cdot c(\mathrm{H_3O^+})}{c(\mathrm{HInd})}$$

Nach Umstellung erhält man für die Oxonium-Ionen-Konzentration

$$c(\mathrm{H_3O^+}) = K_s \cdot \frac{c(\mathrm{HInd})}{c(\mathrm{Ind^-})}$$

Wenn $c(\mathrm{HInd}) = c(\mathrm{Ind^-})$, folgt $\mathrm{pH} = \mathrm{p}K_S$. In diesem Fall ist ein Indikator nicht verwendbar, da eine Mischfarbe entsteht, wenn die Konzentrationen von Indikatormolekül HInd und Indikator-Anion $\mathrm{Ind^-}$ in einer Lösung gleich groß sind.

Umschlagsbereich eines Indikators

Damit entweder die Farbe des Indikators HInd oder die des Indikator-Anions $\mathrm{Ind^-}$ dominiert, muss ein Indikator die Bedingung erfüllen:
Umschlagsbereich: $\mathrm{pH} = \mathrm{p}K_S \pm 1$
Wenig oberhalb oder unterhalb des Umschlagsbereichs sind Indikatoren einsetzbar.

- Bei $\mathrm{pH} = \mathrm{p}K_S - 1$ liegt überwiegend die Indikatorsäure HInd vor.
- Bei $\mathrm{pH} = \mathrm{p}K_S + 1$ liegt überwiegend das Indikator-Anion $\mathrm{Ind^-}$ vor.

Umschlagsbereiche einiger Indikatoren

Indikator	Farbe	pH-Bereich	Farbe
Methylorange	Rot	3,1–4,4	Gelb
Bromphenolblau	Gelb	3,0–4,6	Purpur
Methylrot	Rot	4,2–6,2	Gelb
Bromthymolblau	Gelb	6,0–7,6	Blau
Phenolrot	Gelb	6,4–8,0	Rot
Thymolblau	Gelb	8,0–9,6	Blau
Phenolphthalein	farblos	8,0–9,8	Rot

Bei der Titration von Essigsäure (↑ S. 29, 151) mit Natronlauge liegt der Äquivalenzpunkt bei $pH > 7$. Ein geeigneter Indikator, der seinen Umschlagspunkt in diesem Bereich hat, ist Phenolphthalein.

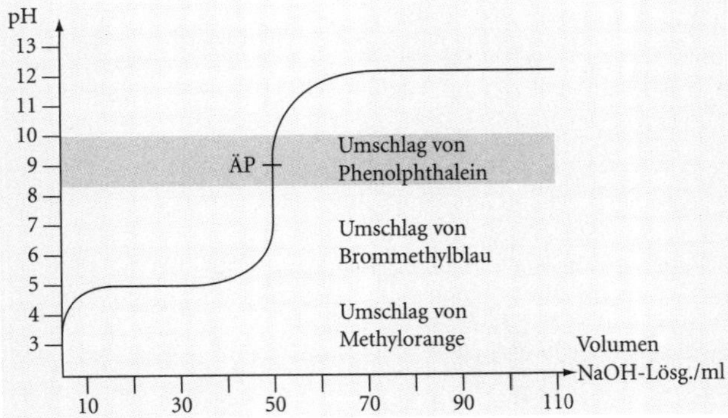

Universalindikatoren sind Mischungen aus etwa fünf verschiedenen Indikatoren, deren Umschlagsbereiche überlappen. Ihre Genauigkeit ist geringer als die einzelner Komponenten.

5.3 Phenolphthalein

Phenolphthalein erhält man aus Phthalsäureanhydrid und Phenol H_5C_6-OH (Katalysator Schwefelsäure). Es enthält einen fünfgliedrigen Lactonring, der sich bei Zugabe von Alkalien öffnet. Die Wasserstoffatome der phenolischen OH-Gruppen können im Basischen als Protonen abdissoziieren und es bildet sich eine Mesomerie zwischen benzoidem und chinoidem System, die farbvertiefend (bathochrom) wirkt.

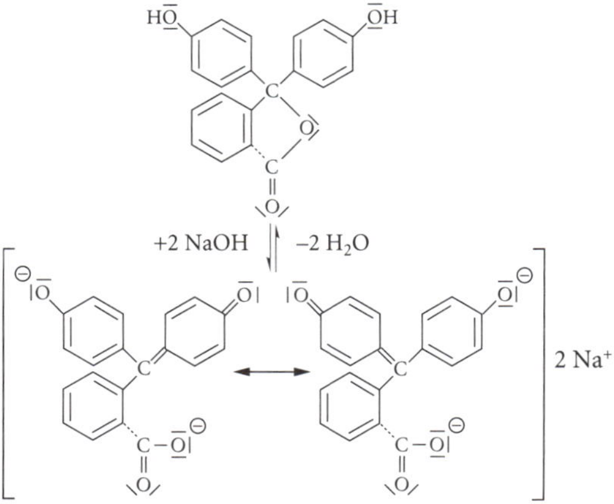

Mesomerie im Phenolphthalein-Anion

Durch Zusatz von Salzsäure kann die Reaktion rückgängig gemacht werden, da sich die phenolischen Hydroxylgruppen wieder bilden.

Das Phenolphthalein-Anion absorbiert Licht der Wellenlänge $\lambda_1 = 600\,\text{nm}$ und $\lambda_2 = 400\,\text{nm}$. Diese Absorptionen liegen im grüngelben Bereich des sichtbaren Spektrums. Das Auge nimmt den restlichen Bereich des sichtbaren Spektrums mit der Komplementärfarbe Rotviolett wahr.

Carbinolbase des Phenophthaleins

Die rotviolette Farbe des Phenolphthalein-Anions ist im stark basischen Bereich nicht stabil, da sich Hydroxid-Ionen, unter Rückbildung des benzoiden Systems, am zentralen C-Atom wieder anlagern können (Carbinolbase).

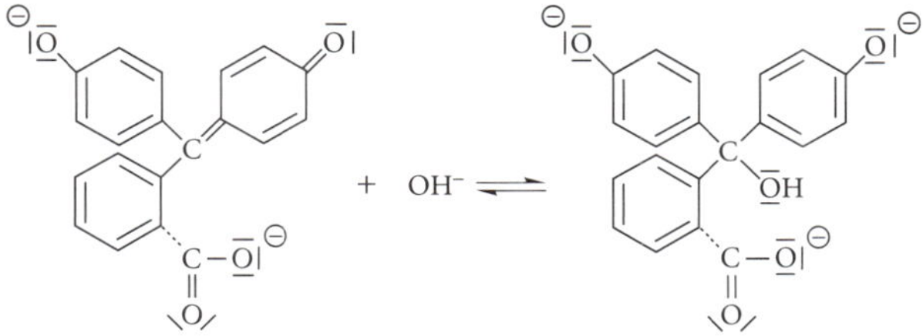

Phenolphthalein-Anion Carbinolbase (farblos)

Da das mesomere System, das sich über drei Benzolkerne erstreckte, unterbrochen wird, verschiebt sich die Absorption zu kürzeren Wellen in den UV-Bereich und die Verbindung wird farblos.

5

Lichtabsorption von π-Systemen

Ausgedehnte konjugierte π-Elektronensysteme absorbieren im längerwelligen Bereich (sichtbares Spektrum) als kleinere konjugierte Systeme, die häufig im UV-Bereich absorbieren (unsichtbar). Die absorbierte Energie E ist der Wellenlänge λ des absorbierten Lichts umgekehrt proportional:

$$E = h \cdot \frac{c}{\lambda} \cdot$$

Redox-Indikatoren

Neben Säure-Base-Indikatoren wie Phenolphthalein existieren Redox-Indikatoren, die bei einer bestimmten Potenzialdifferenz ihre Farbe ändern.

Beispiel: Eriochromschwarz T (↑ S. 153)

6 Biochemie

Wichtige Definitionen

Naturstoffe	
chirale Moleküle: unterscheiden sich wie Bild und Spiegelbild, sie besitzen ein Chiralitätszentrum	D-, L-Milchsäure · D-, L-Fructose
optisch aktive Stoffe: drehen die Schwingungsebene von linear polarisiertem Licht	Enantiomere zeigen unterschiedliche Drehwinkel
Kohlenhydrate: ■ Monosaccharide ■ Disaccharide ■ Polysaccharide	Glucose · Fructose · Saccharose · Maltose · Stärke · Glykogen · Cellulose
Eiweißstoffe/Proteine: makromolekulare Verbindungen mit α-Aminosäuren als Bausteine, die durch Peptidbindungen verknüpft sind	Strukturen: Primär- · Sekundär- · Tertiär- · Quartiärstruktur
Enzym: Biokatalysator mit sehr spezifischer Wirkung in Bezug auf Reaktionstyp und das Substrat	Beispiel: Amylase spaltet 1,4-α-glykosidische Bindungen der Stärke und des Glykogens
Nucleinsäuren: makromolekulare Verbindungen in Zellkernen	Nucleinsäuren sind Träger der Erbinformationen (Gene).

Naturstoffe und Prozesse	
Wirkstoffe: Vitamine, Hormone, Enzyme sowie Pharmaka oder Lebensmittelzusatzstoffe	Relativ kleine Wirkstoffmengen rufen große physiologische Wirkungen hervor.
Hormone: eine chemisch uneinheitliche Gruppe von Substanzen, die der Organismus synthetisiert und in die Blutbahnen abgibt	Hormone wirken entfernt von ihrem Entstehungsort in anderen Organen oder Geweben.
Zelle: kleine Bau- und Funktionseinheit eines Organismus	Eine Zelle besteht aus Zellmembran, Zellkern und Protoplasma.
Stoffwechsel: (Metabolismus) alle chemischen Reaktionen im Organismus, die zur Aufrechterhaltung des Lebens erforderlich sind	Vom Bau-Stoffwechsel wird der Energie-Stoffwechsel unterschieden.
Citronensäurezyklus: zyklisches oxidatives Stoffwechsel-Schema, das in den Mitochondrien stattfindet	Bestandteile der Nahrung werden unter Energiegewinn zu Kohlenstoffdioxid und Wasser abgebaut.
Fotosynthese: für den Aufbau organischer Substanz grundlegende Reaktion grüner Pflanzen, findet mithilfe von Chlorophyll statt	Aufbau von Glucose aus Kohlenstoffdioxid und Wasser mit Sonnenlicht
Gärung: Abbau energiereicher organischer Stoffe in energieärmere organische Stoffe	alkoholische Gärung · Milchsäuregärung · Essigsäuregärung · Fäulnis

6.1 Kohlenhydrate

Monosaccharide

Monosaccharide sind die Grundbausteine der Kohlenhydrate. Ihre Zusammensetzung gehorcht der allgemeinen Formel $C_nH_{2n}O_n$, wobei $3 \leq n \leq 7$ ist.

Wichtige Monosaccharide sind die Isomere D-Glucose $C_6H_{12}O_6$ (Traubenzucker) und D-Fructose $C_6H_{12}O_6$ (Fruchtzucker).

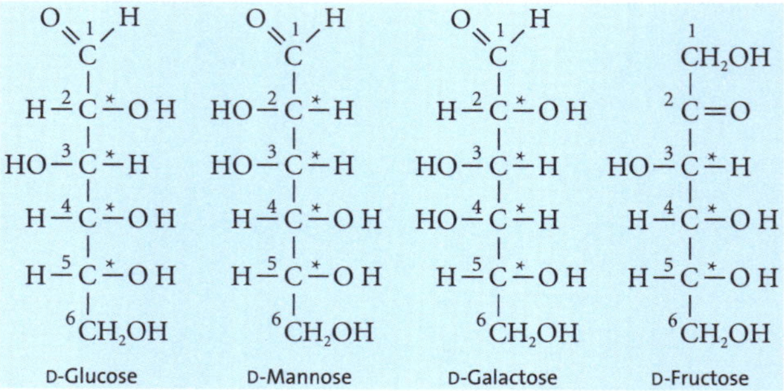

Glucose enthält eine Aldehydgruppe (↑ S. 97) und Fructose eine Ketogruppe (↑ S. 98). Da beide jeweils auch 6 C-Atome besitzen, zählt man sie zu den Aldohexosen bzw. Ketohexosen. Innerhalb des Moleküls der Glucose kann ein Wasserstoffatom der OH-Gruppe am C-Atom Nr. 5 zur Oxogruppe am C-Atom Nr. 1 wandern und dort addiert werden. So kommt es zum Ringschluss zwischen dem Sauerstoffatom am C-Atom Nr. 5 und dem C-Atom Nr. 1. Einen solchen Ring aus 5 C-Atomen und einem O-Atom nennt man **Pyranring**. In der Fructose findet die analoge Addition zwischen der OH-Gruppe am C-Atom Nr. 5 und der Ketogruppe am C-Atom Nr. 2 statt. Hier entsteht ein **Furanring**. Durch den innermolekularen Ringschluss ändert sich die Hybridisierung am C-Atom Nr. 1 der Glucose: Aus dem

sp^2-hybridisierten C-Atom wird ein sp^3-hybridisiertes. Am C-Atom Nr. 1 (anomeres C-Atom) kann die neu entstandene OH-Gruppe deshalb zwei Positionen einnehmen, „oben“ und „unten“. Man unterscheidet sie als α-D-Glucopyranose oder β-D-Glucopyranose.

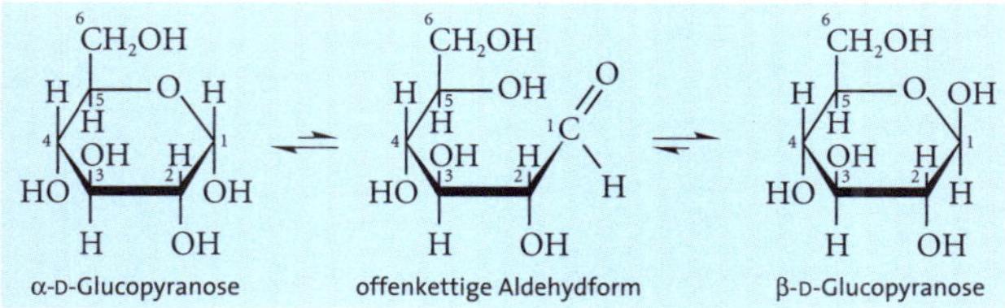

Mutarotation von D-Glucose

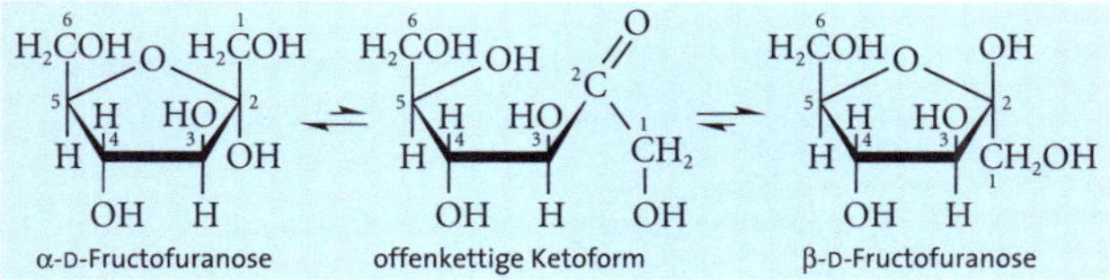

Mutarotation von D-Fructose

6

In der Fructofuranose verhält sich die neue OH-Gruppe am C-Atom Nr. 2 analog. Hier entsteht durch die Protonenwanderung α-D-Fructofuranose bzw. β-D-Fructofuranose. Da im Ring alle C-Atome im sp^3-Zustand vorliegen, ist der Pyran- bzw. Furanring nicht eben, sondern gewellt (↑ S. 75). Zur Vereinfachung werden die Formeln der Zucker in der Haworth-Schreibweise dargestellt.

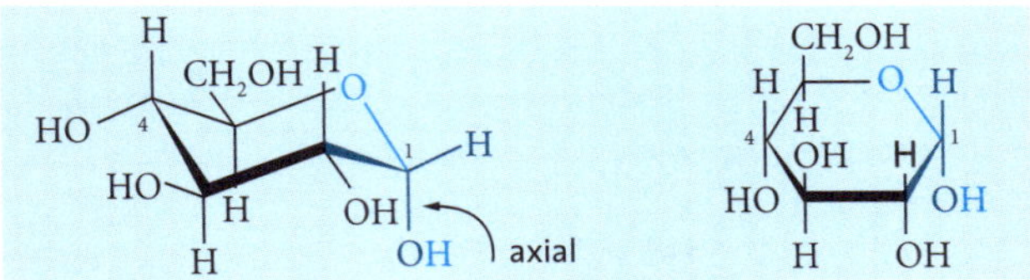

α-D-Glucose, links in der Sesselform, rechts in der Haworth-Schreibweise

In der Haworth-Schreibweise ist für die α-D-Fructofuranose die OH-Gruppe am C-Atom Nr. 2 nach „unten“ zu schreiben, für die β-D-Fructofuranose nach „oben“.

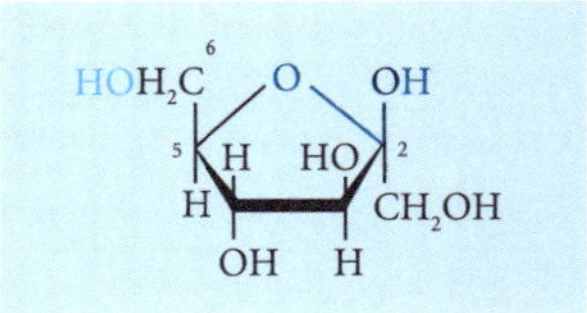

Furanring in der β-D-Fructofuranose

Sowohl bei der Glucose wie auch bei der Fructose stehen Ringform und Kettenform im Gleichgewicht. Im Basischen kann sich Fructose in Glucose umwandeln, da das Wasserstoffatom der OH-Gruppe am C-Atom Nr. 1 als Proton zum Sauerstoffatom der Ketogruppe am C-Atom Nr. 2 wandert. Auf diese Weise verfügen beide Monosaccharide in basischer Lösung am C-Atom Nr. 1 über eine reduzierende Aldehydgruppe. Dies erklärt auch, warum Glucose wie auch Fructose die Fehling-Reaktion (↑ S. 99) geben.

Nachweis und Charakterisierung der Monosaccharide

- trenn- und nachweisbar durch Chromatografie (↑ S. 117)
- Zersetzung unter Braunfärbung beim Erhitzen, wobei Karamel-Geruch auftritt
- Bildung gut kristallisierender Verbindungen (Osazone) mit Phenylhydrazin H_5C_6-NH-NH_2, die ihrer Charakterisierung dienen.

Disaccharide

Das wichtigste Disaccharid ist die Saccharose (Rohrzucker, Rübenzucker) $C_{12}H_{22}O_{11}$ (= α-D-Glucopyranosyl-β-D-fructofuranosid). Ein Molekül Saccharose entsteht aus einem Molekül α-D-Glucopyranose und einem Molekül β-D-Fructofuranose durch Wasserabspaltung (Kondensationsreaktion).

Wasser wird dabei zwischen den beiden OH-Gruppen vom C-Atom Nr. 1 der Glucose und C-Atom Nr. 2 der

Fructose abgespalten. Da an diesen Stellen Carbonylgruppen gebunden waren, spricht man von einer **Dicarbonylbindung**. Saccharose reduziert Fehling-Lösung nicht.

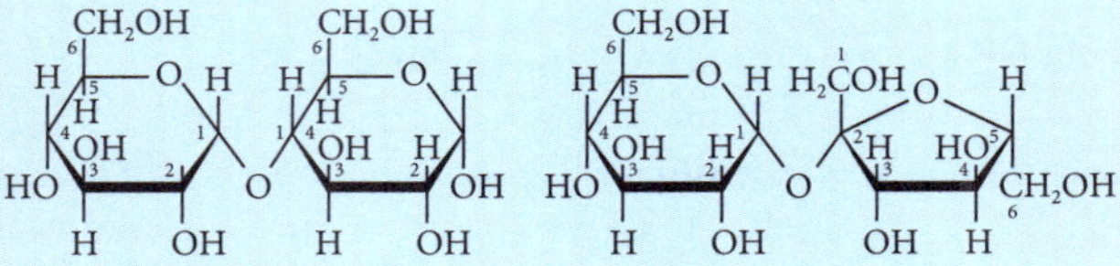

α-Maltose

Saccharose

In der Maltose (Malzzucker) $C_{12}H_{22}O_{11}$ sind zwei α-D-Glucopyranosemoleküle vom C-Atom 1 des einen zum C-Atom 4 des anderen Glucosemoleküls verbunden. Im Gleichgewicht liegt eine freie Aldehydgruppe vor, man spricht von einer **Monocarbonylbindung**. Maltose reduziert Fehling-Lösung.

Saccharose kommt hauptsächlich im Zuckerrohr (14–16 %) und im Saft der Zuckerrübe (17–20 %) vor. Maltose ist in mehreren Getreidearten enthalten.

Weitere Disaccharide: Lactose (Milchzucker) und Cellobiose.

6.2 Optische Aktivität

Linear polarisiertes Licht gleicher Wellenlänge entsteht, wenn zum Beispiel ein monochromatischer Lichtstrahl (gelbes Licht einer Natriumdampflampe) durch einen Doppelspat-Kristall (Calciumcarbonat) tritt. Der hier gebildete ordentliche Strahl unterscheidet sich im Brechungsindex und seiner Ausbreitungsgeschwindigkeit vom sogenannten außerordentlichen Strahl. Die **Schwingungsebenen** beider Lichtstrahlen stehen senkrecht aufeinander.

Optische Aktivität, d.h. die Fähigkeit eines Stoffs, die Schwingungsebene linear polarisierten Lichts zu drehen, tritt bei organischen Verbindung auf, wenn mindestens ein **asymmetrisches C-Atom** als Chiralitätszentrum am Molekülaufbau beteiligt ist. Asymmetrische C-Atome binden an jedem ihrer vier Orbitale **vier verschiedene Reste**.

Moleküle mit asymmetrischen C-Atomen können optische Isomere (**Enantiomere**) bilden, die sich in der Drehung der Schwingungsebene des polarisierten Lichts unterscheiden. Enantiomere unterscheiden sich auch in ihren physiologischen Wirkungen. Zur eindeutigen Bezeichnung der Struktur von Enantiomeren führt man ein Norm-C-Atom ein, an dem die Stellung der OH-Gruppe mit D- oder L-angegeben wird. D bedeutet „rechts" (lat. dexter) und L „links" (lat. laevus).

Asymmetrische C-Atome kennzeichnet man häufig durch „*". Die Drehrichtung der Schwingungsebene des polarisierten Lichts ist mit (+) für rechts und (–) für links im Verbindungsnamen mit angegeben.

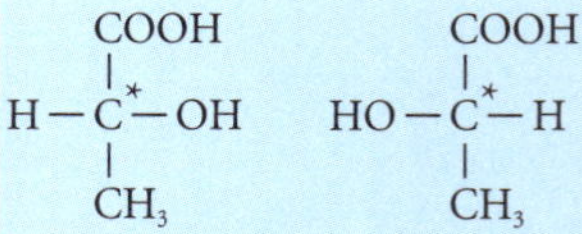

D-Milchsäure L-Milchsäure

Drehrichtung und Stellung der OH-Gruppe am Norm-C-Atom sind voneinander unabhängig. Als Norm-C-Atom wählt man das C-Atom, das am weitesten von der funktionellen Gruppe entfernt ist. Gemische optischer Antipoden im Verhältnis 1 : 1 nennt man **Racemate**. Die Drehung der Schwingungsebene misst man, indem linear polarisiertes Licht durch eine präparierte Doppelspatscheibe (Calciumcarbonat) tritt (Polarisator).

Nach dem Durchlaufen der Lösung einer optisch aktiven Substanz trifft das Licht auf den Analysator (Doppelspatscheibe). Um maximale Helligkeit zu beobachten, ist der

Analysator um den Winkel α gegenüber dem Polarisator zu drehen, den die optisch aktive Substanz verursachte. Analysator und Polarisator nennt man auch **Nicol-Prismen**.

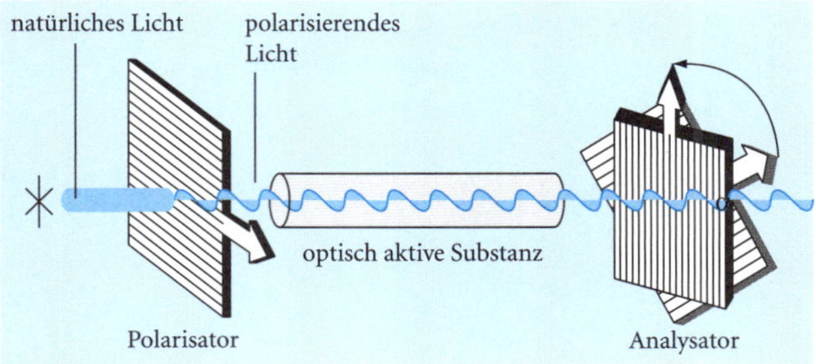

Schema eines Polarimeters

Die spezifische Drehung $[\alpha]$ eines gelösten Stoffes berechnet sich aus der Gleichung:

$$[\alpha] = \frac{100\,\alpha}{c \cdot l}$$

c Konzentration der gelösten Substanz bezogen auf 100 ml,
l Länge der durchstrahlten Flüssigkeitssäule.

In D(+)-Glucose sind die C-Atome Nr. 2–5 optisch aktiv. Im Pyranring ist auch C-Atom Nr. 1 optisch aktiv, man unterscheidet α-D(+)- und β-D(+)-Glucose. α-D(+)-Glucose dreht die Schwingungsebene des polarisiertes Lichts um +111° und β-D(+)-Glucose um +19°. Nach Gleichgewichtseinstellung dreht die Lösung die Schwingungsebene um +53°. Dies entspricht 63 % β-D(+)-Glucose und 37 % α-D(+)-Glucose.

6

Änderung der Drehung

Die Änderung des optischen Drehvermögens von α-D(+)-Glucose- bzw. β-D(+)-Glucose-Lösung aufgrund einer Gleichgewichtseinstellung bezeichnet man als **Mutarotation** (↑ S. 125).

Eine wässrige Saccharose-Lösung dreht die Schwingungsebene des polarisierten Lichts 66° nach rechts. Bei saurer Hydrolyse spaltet die Dicarbonylbindung der Saccharose auf und es entsteht α-D(+)-Glucopyranose und β-D(–)-Fructofuranose. Da die β-D(–)-Fructose mit –133° stärker nach links dreht als die α-D(+)-Glucose mit +111° nach rechts, kehrt sich der Drehsinn bei der Hydrolyse um.

Umkehr der Drehrichtung

Unter **Inversion** versteht man die Umkehr der Drehrichtung bei der Hydrolyse der Saccharose.

Nach erfolgter Hydrolyse dreht die Mischung aus α-D(+)-Glucose und β-D(–)-Fructose um 22° nach links. Eine 1 : 1-Mischung von α-D(+)-Glucopyranose und β-D(–)-Fructofuranose wird als **Invertzucker** bezeichnet.

6.3 Polysaccharide

Stärke

Natürliche Stärke ist aus zwei Komponenten aufgebaut, der **Amylose** und dem **Amylopektin**. Beide Komponenten besitzen die allgemeine Summenformel $(C_6H_{10}O_5)_n$, wobei n bei der Amylose maximal 1 000 beträgt und im Fall des Amylopektins zwischen 2 000 und 12 000 liegen kann. Beide Komponenten sind aus Glucosebausteinen aufgebaut, wobei Amylose eine geradkettige Struktur besitzt und einen Anteil von 20–30 % an der Gesamtsubstanz besitzt. Amylopektin verzweigt nach ca. 25 Glucoseeinheiten und ist mit einem Anteil zwischen 70–80 % am Aufbau der Stärke beteiligt. Stärke ist ein Reservekohlenhydrat, das von Pflanzen gespeichert wird.

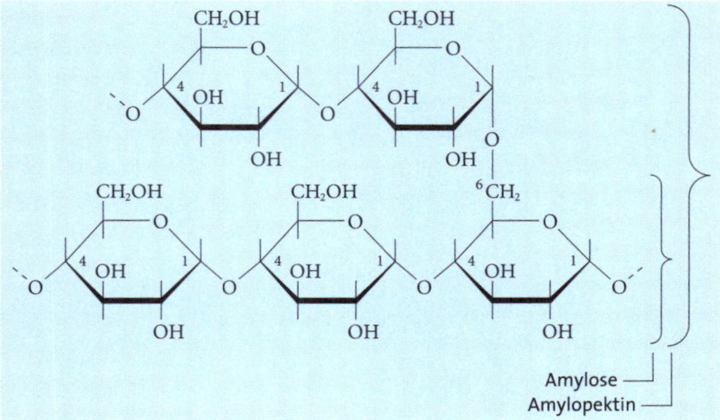

Strukturformel der Stärke (Ausschnitt)

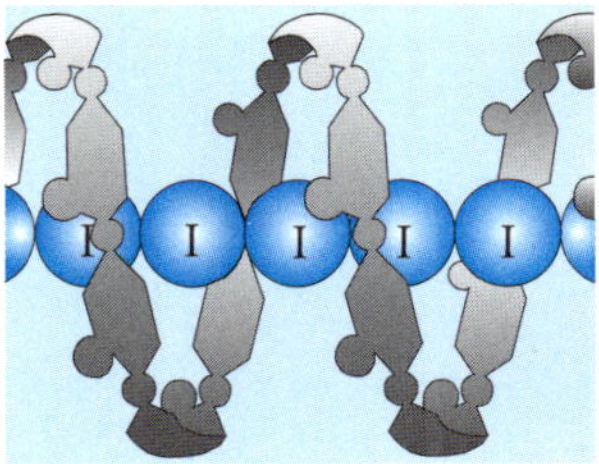

Iod-Stärke-Einschlussverbindung

In der Amylose sind α-Glucosebausteine 1,4-glykosidisch verknüpft. Im Amylopektin kommen auch 1,6-glykosidische Verknüpfungen der α-Glucosebausteine vor. Gelöste Stärke lagert in ihre schraubenlinienförmigen Makromoleküle Iodmoleküle ein. Diese Einschlussverbindung ist intensiv blau gefärbt. Beim Erwärmen verschwindet die blaue Farbe, beim Abkühlen tritt sie wieder auf. Dieses Phänomen dient als Nachweis für Stärke. Stärke reduziert Fehling-Lösung nicht, da im Gleichgewicht keine freien Aldehyd-Gruppen vorliegen.

Glykogen

Glykogen ist der Kohlenhydratreservestoff tierischer Art, der in der Leber deponiert wird. Glykogen besitzt mit $16 \cdot 10^6$ g mol^{-1} eine sehr große molare Masse. Das bedeutet, dass durchschnittlich knapp 100 000 Glucosebausteine am Aufbau eines Makromoleküls beteiligt sind. Über 1,4- und 1,6-Verknüpfungen sind α-Glucosebausteine wesentlich stärker verzweigt als im Amylopektin. Glykogen reduziert Fehling-Lösung nicht und gibt mit Iod-Lösung eine braune Farbe.

Das Enzym Amylase baut Glykogen in der Leber über Maltose (↑ S. 127) bis zur D-Glucose ab, die in das Blut abgegeben wird und zur Versorgung anderer Organe dient. Insulin, ein Hormon der Bauchspeicheldrüse, regelt die Bildung von Glykogen aus D-Glucose und senkt den Blutzuckerspiegel.

Cellulose

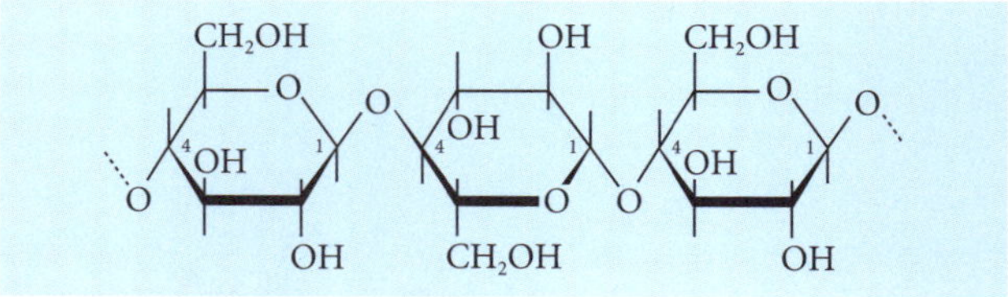

Strukturformel der Cellulose (Ausschnitt)

Cellulose ist aus β-D-Glucoseeinheiten aufgebaut. In einem Makromolekül sind 500 bis 5 000 β-D-Glucoseeinheiten kettenförmig unverzweigt miteinander verbunden. Stärke und Cellulose besitzen die gleiche Summenformel. Der Unterschied zwischen Stärke und Cellulose liegt in der Verknüpfungsart der Glucosebausteine. In der Cellulose sind β-D-Glucoseeinheiten 1,4-glykosidisch verknüpft. Wasserstoffbrückenbindungen zwischen den OH-Gruppen benachbarter Glucosebausteine führen zur linearen Versteifung des Makromoleküls und machen Cellulose als Gerüstsubstanz besonders geeignet. Man schätzt, dass jährlich ca. $1{,}3 \cdot 10^9$ t Cellulose durch Fotosynthese entstehen. Ein Baum mittlerer Größe bildet täglich ca. 14 g Cellulose. Cellulose ist das bedeutendste Biopolymer.

Reaktionen und Verwendung der Cellulose

- Cellulose löst sich in wässriger Lösung von Kupfer(II)-tetraamminhydroxid (Schweizer-Reagenz).
- Fehling-Lösung wird von Cellulose nicht reduziert.
- Konzentrierte Mineralsäuren greifen Cellulose unter Spaltung der 1,4-glykosidischen Bindung an.
- Freie OH-Gruppen im Makromolekül der Cellulose können verestert werden.
- Mit Nitriersäure (Gemisch aus Salpetersäure und Schwefelsäure, ↑ S. 175) entsteht aus Cellulose Nitrocellulose (Cellulosenitrat, die sog. Schießbaumwolle), die sich in Ether löst und als Sprengmittel verwendet wird.
- Mit konzentrierter Essigsäure bildet sich Acetylcellulose (Celluloseacetat), das als Material für Synthesefasern dient.
- Durch **Holzverzuckerung,** einer technischen Hydrolyse, kann man ein Gemisch unterschiedlicher Monosaccharide gewinnen, deren Hauptbestandteil Glucose ist. Wirtschaftlich hatte dieses Verfahren bisher wenig Interesse gefunden. Angesichts der zukünftigen Energiesituation gewinnt die enzymatische Holzverzuckerung an Bedeutung, da man aus Glucose durch Vergärung Alkohol gewinnen kann, der als Treibstoff geeignet ist.
- Wichtigster Verwendungszweck der Cellulose ist die **Papierherstellung.** Um Lignin aus dem Holz herauszulösen, werden wallnussgroße Holzstücke mit einer wässrigen Lösung von Calciumhydrogensulfit einige Stunden gekocht. Die abfiltrierte Cellulose wird gesäubert und gebleicht, während man die Sulfitlösung durch Vergärung auf Alkohol verarbeitet.
- Im Wiederkäuermagen sind Enzym liefernde (Cellulase) Bakterien enthalten, die eine Verdauung der Cellulose ermöglichen.

Aminosäuren – Bausteine der Proteine

Unpolare Aminosäuren (Beispiele)

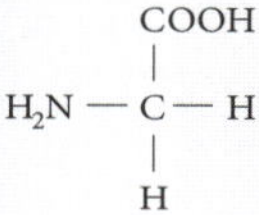

Glycin Gly

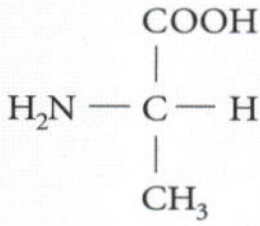

Alanin Ala

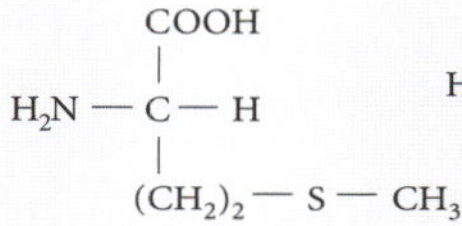

Methionin Met

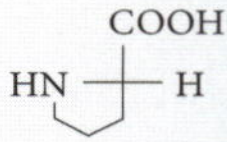

Prolin Pro

Saure und basische Aminosäuren (Beispiele)

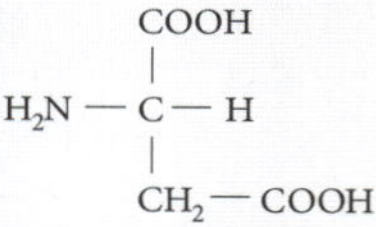

Asparaginsäure Asp

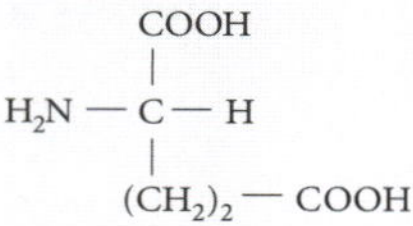

Glutaminsäure Glu

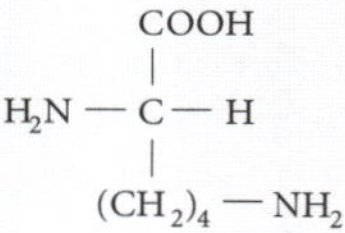

Lysin Lys

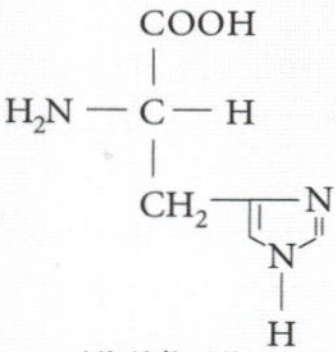

Histidin His

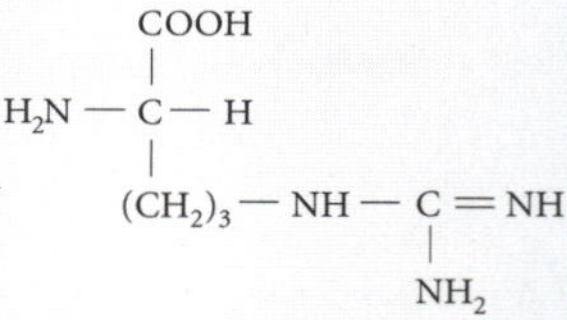

Arginin

Polare Aminosäuren (Beispiele)

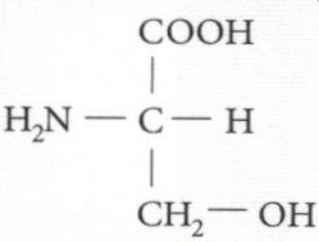

Serin Ser

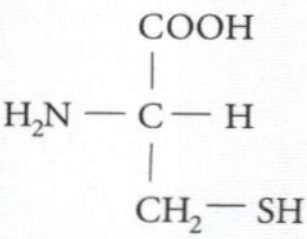

Cystein Cys

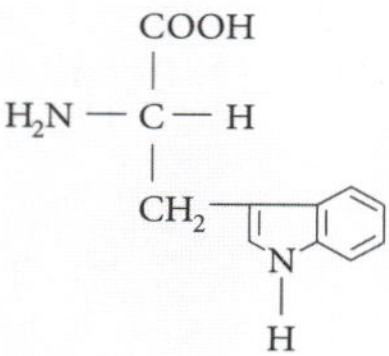

Tryptophan Trp

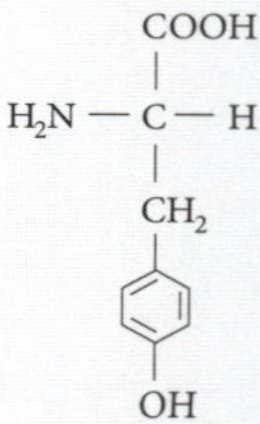

Tyrosin Tyr

Die Peptidbindung

Natürliche Eiweißstoffe sind aus Aminosäuren (↑ S. 104) aufgebaut, bei denen die Aminogruppe $-NH_2$ am α-C-Atom (↑ S. 99) gebunden ist. Unter Kondensation (Wasserabspaltung) können sich α-Aminosäuren zusammenlagern, wobei die **Peptidbindung** entsteht.

Bildung eines Dipeptides

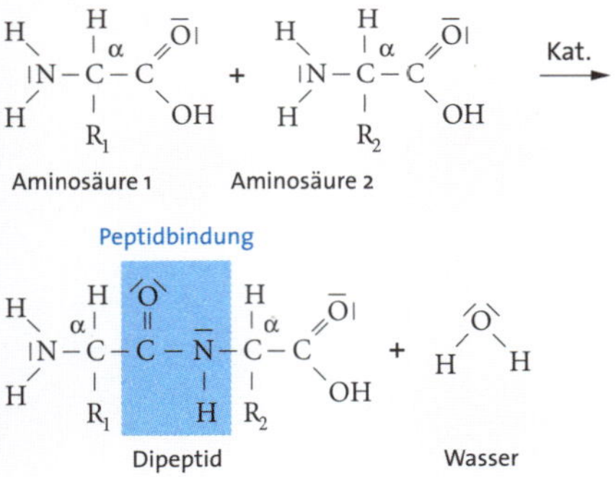

Obwohl C-Atome und N-Atome eine unterschiedliche Elektronegativität besitzen, ist die Peptidbindung sehr stabil, da sie durch Ausbildung eines konjugierten Systems mesomeriestabilisiert ist (↑ S. 84).

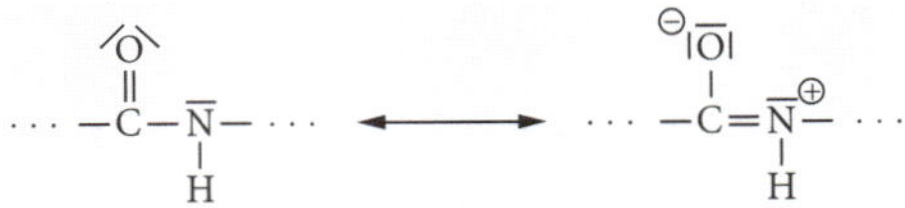

fiktive Grenzstrukturen der Peptid-Bindung

Peptide entstehen durch die Verknüpfung von α-Aminosäuren durch Peptidbindungen. So können mehr als 100 α-Aminosäuren verknüpft werden. Ihre molare Masse kann den Wert von 1 Million $g\,mol^{-1}$ überschreiten. Alle natürlichen Eiweißstoffe sind aus nur 26 unterschiedlichen α-Aminosäuren aufgebaut. Die Reihenfolge der α-Aminosäuren im Polypeptid nennt man **Sequenz.**

6.4 Die Struktur von Peptiden und Proteinen

- Die **Primärstruktur** ist durch die Reihenfolge (Sequenz) der α-Aminosäuren festgelegt.
- Die **Sekundärstruktur** erklärt die räumliche Anordnung einzelner Abschnitte eines Peptids (intramolekulare H-Brücken). Sie können entweder die Form einer α-Helix oder einer β-Faltblattstruktur, vergleichbar mit einem Leporello, annehmen. Durch die Faltblattstruktur erkennt man die Zahl der α-Aminosäuren pro Windung.
- Die **Tertiärstruktur** beschreibt die Lage der Molekülteile einer ganzen Peptidkette im Raum zueinander.
- Die **Quartärstruktur** zeigt die Bindungen von Polypeptidketten zu anderen Polypeptidketten, Kohlenhydraten, Heterocyclen oder anderen Verbindungen des gesamten Makromoleküls.

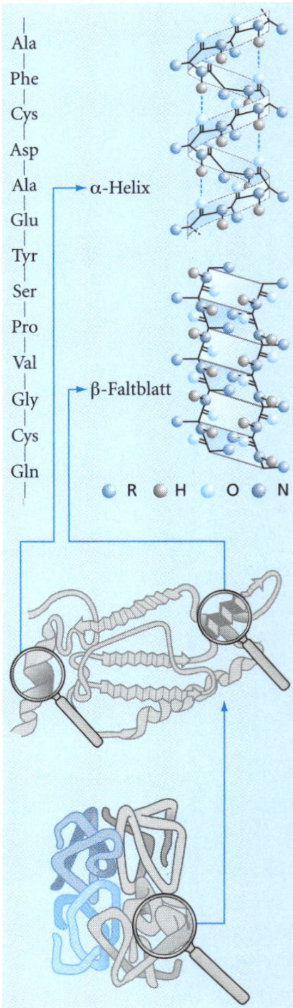

Sekundär- und Tertiärstrukturen werden durch Disulfidbrücken (a), Wasserstoffbrückenbindungen (b), Van-der-Waals-Kräfte (c) oder ionale Brücken (d) fixiert.

In **Proteiden** sind Polypeptide an nicht peptidische Bestandteile (z. B. Kohlenhydrate, Metall-Ionen, Nucleinsäuren, Farbstoffe u. a.) gebunden.

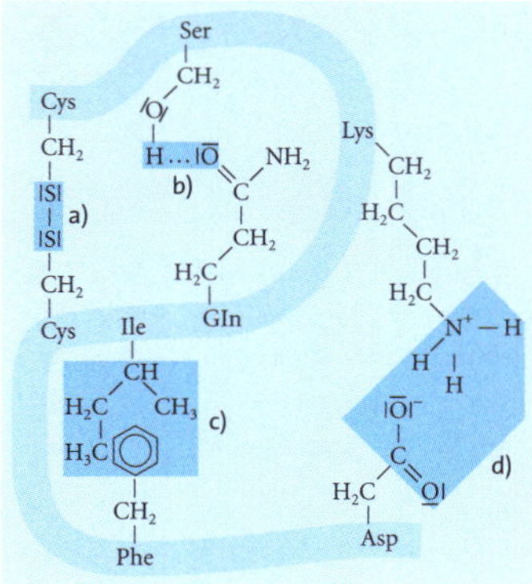

Bindungsarten bei Peptiden und Proteinen

Einteilung der Proteine nach ihrer Struktur

Bezeichnung	Nichtpeptidkomponente	Vorkommen, Beispiel
reine Proteine	keine	Enzyme, z. B. Lysozym, Hormone, z. B. Insulin
Lipoproteine	Lipide 1. kovalent gebunden 2. Aggregate	 1. Membranproteine 2. Lipo-Protein-Komplexe
Metallproteine	Metall-Ionen oder Metallkomplexe	Hämoglobin im Blut, Chlorophyll in Pflanzen
Glyco- und Mucoproteine	Kohlenhydrate	Blutgruppenantigene, Zellmembran, z. B. Magenschleimhaut, Knorpel
Chromoproteine	Farbstoffe	Rhodopsin (Sehpurpur) im Auge
Nucleoproteine	Nucleinsäuren	im Zellkern

6.5 Wirkstoffe

Vitamine

„Lebensgeister“

Vitamine sind organische Substanzen, die zur Aufrechterhaltung von Gesundheit und Leistung des menschlichen Organismus erforderlich sind und mit der Nahrung aufgenommen werden müssen, weil sie der menschliche Körper nicht selbst synthetisieren kann.

Obwohl Vitamine nur in geringen Mengen (µg bis mg) benötigt werden, erfüllen sie im Organismus viele Funktionen, z. B. bei der Steuerung des Stoffwechsels und beim Aufbau körpereigener Substanzen.

Vitamine sind in frischem Gemüse, Obst, Milch, Fleisch, Leber, Eidotter, Fisch und Getreide enthalten.

Fehlende Vitamine können Mangelkrankheiten (Avitaminosen) verursachen, z. B. Skorbut (Vitamin C), perniziöse Anämie (Vitamin B_{12}), Beri-Beri (Vitamin B_1).

Die Strukturen der Vitamine sind völlig unterschiedlich und teilweise sehr komplex. Sie werden mit Buchstaben bezeichnet und zum Teil durch Ziffern untergruppiert.

Vitamine

fettlösliche Vitamine	wasserlösliche Vitamine
Vitamin A (Retinol)	Vitamin B_1, B_2, B_6, B_{12}
Vitamin D (Tocopherol)	Vitamin B-Komplex
Vitamin K	Vitamin C (Ascorbinsäure)
Vitamin D	Vitamin H (Biotin)

Enzyme

Biokatalysatoren

Enzyme sind hochmolekulare Proteine oder Proteide, die im Organismus als Katalysatoren wirken und durch Herabsetzen der Aktivierungsenergie E_A die Reaktionsgeschwindigkeit z. T. um das Millionenfache erhöhen (↑ S. 78).

Enzyme sind in der Zelle bestimmten Zellkompartimenten oder Organellen zugeordnet, z. B. den Mitochondrien, der Membran oder den Ribosomen. Die Enzymaktivität unterliegt gewissen Schwankungen, die vom Alter, vom Ernährungszustand, Geschlecht u. a. abhängen.

Der Stoffklassenname Enzym leitet sich aus dem Griechischen ab. Zur Bildung des Enzymnamens verwendet man die Namen des zugehörigen katalysierten Substrats und lässt ihn auf die Silbe *-ase* enden. Sacchar*ase* ist ein Enzym, das die Spaltung der Saccharose katalysiert.

Daneben sind auch noch Trivialnamen gebräuchlich. Häufig verwendet man auch zur Bezeichnung einer Enzymklasse die katalysierte Reaktionsart mit der Endung *-ase.*

Beispiele: Reduktase, Transferase, Hydrolase, Isomerase, Synthetase u. a.

Enzymaufbau

Der reine Proteinanteil wird als **Apoenzym** bezeichnet. Daneben enthalten Enzyme noch **prosthetische Gruppen.** Das sind niedermolekulare Verbindungen, die häufig Metall-Ionen enthalten und durch Elektronenpaarbindung an das Apoenzym gebunden sind. Der Flavinkomplex, der im Flavin-Adenin-Dinucleotid (FAD bzw. $FADH_2$) als wichtiger Elektronen- und Wasserstoffüberträger zur Verfügung steht, wirkt in Flavoenzymen als prosthetische Gruppe.

Coenzyme sind niedermolekulare Verbindungen, die reversibel und nicht durch Elektronenpaarbindungen an das Apoenzym gebunden sind. Coenzyme werden bei der katalysierten Reaktion verändert, sind aber schnell regenerierbar und können erneut an das Apoenzym gebunden werden.

- Nicotinsäureamid (Niacin, Vitamin B_3) ist im wichtigen Coenzym **N**icotinsäureamid-**A**denin-**D**inucleotid (NAD^+ bzw. NADH) enthalten, welches einen unersetzlichen Wasserstoffüberträger darstellt.
- Das ebenfalls wichtige Coenzym ATP (**A**denosin**tri**phosphat) ist ein Energiespeicher und -überträger in Zellen.

Enzymaktivität

Reaktionsbedingungen: Die Wirksamkeit eines Enzyms hängt stark von äußeren Bedingungen ab. Nach der **RGT-Regel** (↑ S. 8) verdoppelt sich die Reaktionsgeschwindigkeit, wenn die Temperatur um etwa 10 °C steigt. Bei höheren Temperaturen (> 40 °C) denaturieren allerdings Proteine, sodass jedes Enzym ein **Temperaturoptimum** besitzt. Ähnliche Überlegungen gelten für den pH-Wert und andere Reaktionsbedingungen (Salzkonzentrationen, Redoxpotenzial).

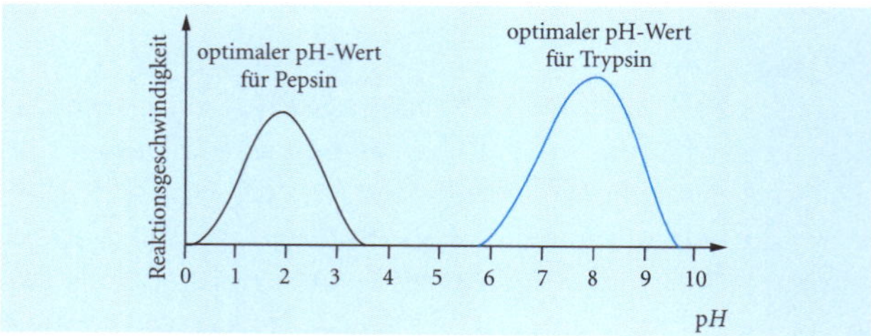

pH-Optimum von Pepsin und Trypsin

Bei den meisten Enzymen liegt der optimale pH-Wert zwischen 6 und 8 (neutrales Milieu). Eine Ausnahme bildet Pepsin, ein Eiweiß verdauendes Enzym im Magen, das ein saures Milieu benötigt (pH 2).

Aktives Zentrum: Die hohe Wirkungsspezifität eines Enzyms wird durch sein aktives Zentrum erreicht. Darunter versteht man eine typische räumliche Konstitution von Aminosäureresten in der Tertiärstruktur (↑ S. 136) des Proteins. Diese typische Konstitution ermöglicht die Auswahl eines bestimmten Substrats. Das Substrat ist fest am aktiven Zentrum fixiert und wird dort nur in ausgewählter Orientierung gebunden, so wie ein Schlüssel zum Schloss passt. Diese Passgenauigkeit zwischen Enzym und Substrat nach dem **Schlüssel-Schloss-Prinzip** ist die Ursache für die **Substratspezifität** von Enzymen.

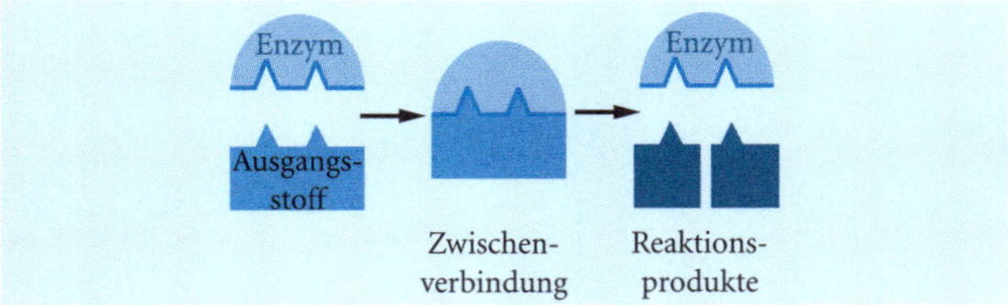

Das Schlüssel-Schloss-Prinzip der Substratspezifität eines Enzyms

Wirkungsspezifität: Enzyme reagieren nicht nur mit einem bestimmten Substrat, sie setzen es auch nur zu bestimmten Endprodukten um.

Stereospezifität: Wenn enantiomere Substrate vorliegen (z. B. ein Racemat, ↑ S. 128), reagieren Enzyme mit nur einem optischen Antipoden. Enzyme wirken stereoselektiv. Umgekehrt sind enzymkatalysierte Synthesen **stereospezifisch,** d. h., es entsteht stets nur ein optischer Antipode.

Nucleinsäuren sind aus Einheiten von Nucleotiden aufgebaute hochpolymere Substanzen (Polynucleotide). Sie kommen u. a. im Zellkern vor.

Bestandteile der Nucleinsäuren

Bei Hydrolyse spalten diese Biopolymere mit einer molaren Masse bis zu 10^8 g mol^{-1} in heterocyclische Basen, Phosphorsäure und Ribose bzw. Desoxyribose. An heterocyclischen Basen sind dies vor allem: Adenin, Thymin, Guanin und Cytosin.

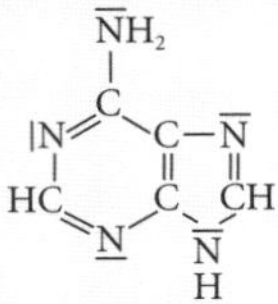

Adenin

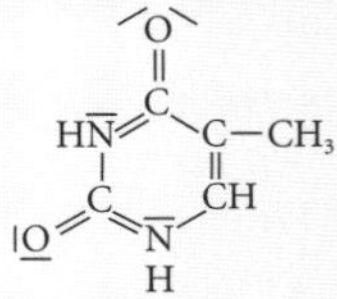

Thymin

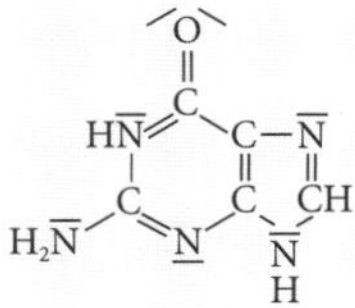

Guanin

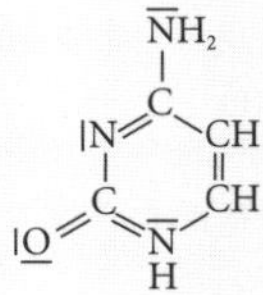

Cytosin

Von den Pentosen sind es Ribose und Desoxyribose, die am Aufbau der Nucleinsäuren beteiligt sind.

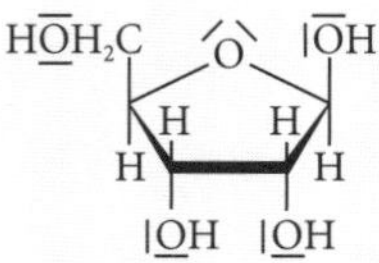

Ribose

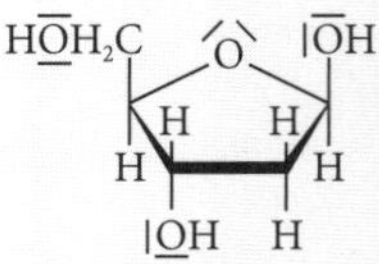

Desoxyribose

Nucleotide

Die Pentosen bilden mit dem Phosphorsäurerest und den heterocyclischen Basen **Nucleotide.** Die Basen sind dabei stets an Ribose (R) bzw. Desoxyribose (DR) gebunden:

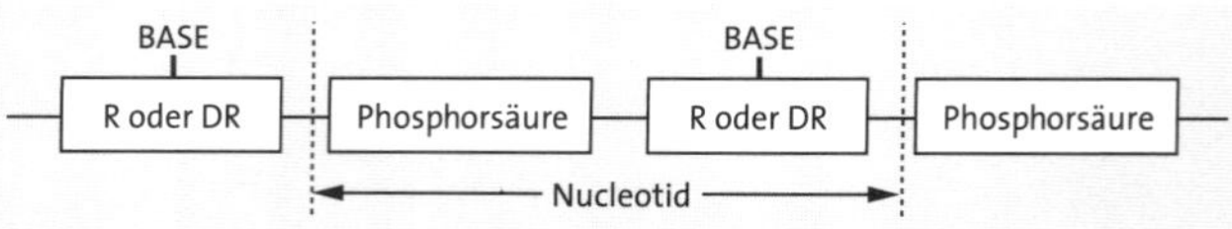

Adenosintriphosphat (ATP) ist ein freies Nucleotid, das leicht Phosphatgruppen auf alkoholische OH-Gruppen und andere Substrate überträgt.

Doppelhelix-Struktur der Nucleinsäuren

Vielfach miteinander zu Ketten verknüpft, bilden die Nucleotide das Grundgerüst der Nucleinsäuren. In Abhängigkeit von der enthaltenen Pentose unterscheidet man DNA (engl. **d**esoxyribo**n**ucleic **a**cid, auch DNS, enthält Desoxyribose) und RNA (engl. **r**ibo**n**ucleic **a**cid, auch RNS, enthält Ribose).
Die Nucleotidketten der DNA bilden eine Helixstruktur, die als Doppelstrang vorliegt (Doppelhelix). Die Doppelhelixstruktur ist mit einer gewundenen Strickleiter vergleichbar. Sie wird durch Wasserstoffbrücken zwischen gegenüberliegenden Basenpaarungen zusammengehalten. Zwischen Adenin und Thymin bilden sich dabei zwei und zwischen Guanin und Cytosin drei Wasserstoffbrücken-Bindungen aus.

DNA-Doppelhelix

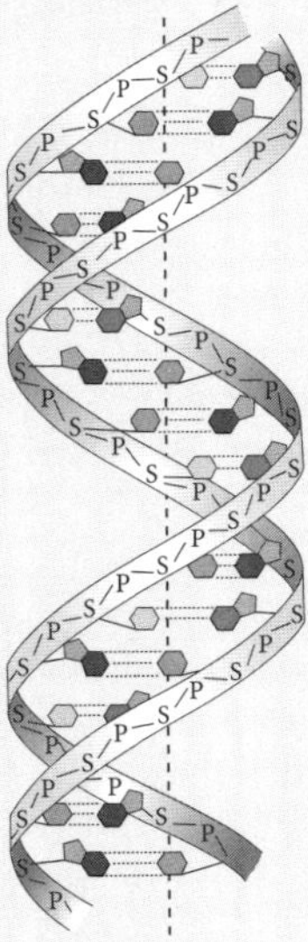

P – Phosphatgruppe
S – Zuckermolekül (engl. sugar)

Moleküle zur Speicherung der Erbanlagen

Nucleinsäuren sind durch die Basensequenz Träger der **Gene**, die im Zellkern identisch redupliziert werden können. Gene sind redundant (überreichlich) angelegt.

6

6.6 Gärung

Alkohol aus Traubenzucker

Unter **alkoholischer Gärung** versteht man die *anaerobe* Umwandlung von Kohlenhydraten in Kohlenstoffdioxid und Alkohol durch Hefepilze:

$C_6H_{12}O_6 \rightarrow 2\,H_5C_2\text{-}OH + 2\,CO_2$; 88 kJ mol^{-1}

Aus 1 kg Glucose erhält man, unter Katalyse von Hefepilzen, etwa 0,5 kg Ethanol und 0,5 kg Kohlenstoffdioxid. Glucose wird dabei zunächst phosphoryliert und enzymatisch in **Glycerinaldehyd-3-phosphorsäure** gespalten. Unter Mitwirkung von NAD^+ entsteht, in den **Glykolyse** genannten Reaktionsschritten, 3-Phospho-2-hydroxyglycerinsäure, die zur Ketosäure **Brenztraubensäure** weiteroxidiert wird.

Nach Decarboxylierung und Reduktion entsteht über Acetaldehyd schließlich Ethanol. Die frei werdende Energie wird als ATP gespeichert. Prinzipiell verläuft auch die Vergärung der Stärke nach diesem Reaktionsablauf, wobei das Polysaccharid zunächst durch Diastase in Maltose zerlegt und schließlich durch Maltase in Glucose gespalten wird.

Milchsäuregärung

Bei der Milchsäuregärung entsteht unter *anaeroben* Bedingungen im Muskel aus Glucose Milchsäure, $H_3C\text{-}CH(OH)\text{-}COOH$:

$C_6H_{12}O_6 \rightarrow 2\,H_3C\text{-}CH(OH)\text{-}COOH$

Überlässt man Melasse unter Luftabschluss (anaerob) sich selbst, setzen sich Milchsäure-Bakterien durch und der pH-Wert sinkt. Dieser Vorgang wird zur Konservierung (saure Gurken, Sauerkraut, Silage) genutzt.

6.7 Fotosynthese

Blattgrün, Wasser und Sonne

Bei der **Fotosynthese** wird die Energie des Sonnenlichts in Gegenwart von Chlorophyll in chemische Energie umgewandelt. Aus Wasser und Kohlenstoffdioxid entstehen dabei Kohlenhydrate und Sauerstoff.
Schematische Gesamtreaktion:

$$6\ \overset{+IV}{C}O_2 + 6\,H_2\overset{-II}{O} \rightarrow \overset{\pm 0}{C_6}H_{12}\overset{-II}{O_6} + 6\,\overset{\pm 0}{O_2}\ |\ \Delta H = 2{,}81\,\mathrm{MJ}$$

Der komplizierte Reaktionsablauf ist durch die Verwendung der Isotope schwerer Sauerstoff [^{18}O] und radioaktiver [^{14}C] Kohlenstoff (↑ S. 60, 106) aufgeklärt. Der zur Synthese von Glucose erforderliche Sauerstoff stammt ganz aus der durch Sonnenlicht bewirkten Spaltung der Wassermoleküle. Kohlenstoffdioxid reagiert mit Ribulosediphosphat, wobei zwei Mol 3-Phosphoglycerinsäure entstehen. Jährlich werden auf der Erde aus dem Kohlenstoffdioxid der Luft $1{,}5\text{–}2{,}0 \cdot 10^{11}$ t Kohlenstoff in gebundener Form (Kohlenhydrate) gespeichert. Solche bioenergetischen Umwandlungen erfolgen in offenen Systemen, in denen kein chemisches Gleichgewicht, sondern ein Fließgleichgewicht (↑ S. 147) herrscht. Die Sonne strahlt täglich $1{,}5 \cdot 10^{22}$ J auf die Erde, wovon durch Fotosynthese $4{,}0 \cdot 10^{18}$ J genutzt werden.

Der Calvin-Zyklus

Durch Einwirkung von NADPH und ATP wird 3-Phosphoglycerinsäure in Glycerinaldehyd-3-phosphorsäure reduziert, die sich direkt in Glucose umwandelt (↑ S. 144). Mit Ribulose-5-phosphat beginnt der Zyklus erneut. Bei diesen ablaufenden Redoxreaktionen spielen Wasserstoffübertrágersysteme (NADH, NADPH) eine wichtige Rolle.

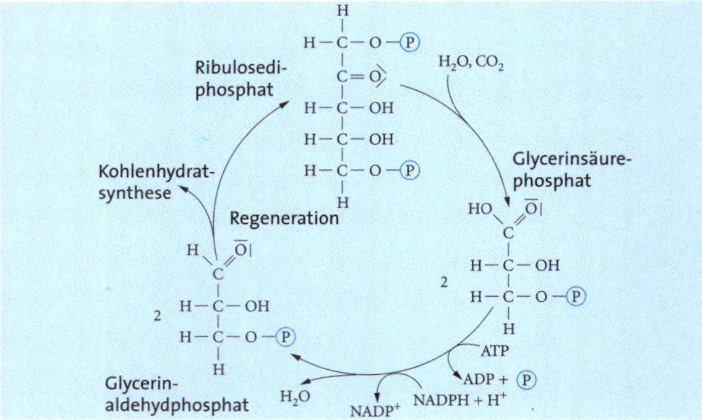

Calvin-Zyklus

6.8 Atmung

Sauerstoff, das Lebenselixier

Bei der **Atmung** finden ein Gasaustausch zwischen Körperflüssigkeiten (Blut) und Zellen sowie Redoxprozesse innerhalb der Zellen statt.
Gesamtreaktion:

$$\overset{\pm 0}{C_6H_{12}O_6} + 6\overset{\pm 0}{O_2} \rightarrow 6\ \overset{+IV}{CO_2} + 6\,H_2\overset{-II}{O} \,|\, \Delta H = -2\,872\ \text{kJ/mol}$$

Die freigesetzte Energie dient dem Aufbau von ATP, die Ausbeute an ATP beträgt dabei insgesamt 38 mol.

An der Atmung sind wesentlich 4 Reaktionsketten beteiligt:

- Glykolyse
- oxidative Decarboxylierung
- Citronensäurezyklus und
- Atmungskette

In der **Glykolyse** werden Glucose oder ihre Speicherformen (Stärke, Glykogen) enzymatisch unter Energiegewinn (ATP) zu Brenztraubensäure abgebaut (↑ S. 144):

$$C_6H_{12}O_6 \rightarrow 2\,H_3C\text{-}CO\text{-}COOH + 4\,(H)$$

Brenztraubensäure, die auch aus dem Abbau der Aminosäuren stammen kann, unterliegt der **oxidativen Decarboxylierung**, wobei Acetylcoenzym A (Katalysator Coenzym A) entsteht. Acetylcoenzym A geht in den Citronensäurezyklus ein.

Im **Citronensäurezyklus** wird Acetylcoenzym A, das auch aus dem Abbau der Fettsäuren (β-Oxidation) stammen kann, über 8 regenerative Zwischenstufen enzymatisch in Kohlenstoffdioxid und Wasser abgebaut.

In der **Atmungskette** werden Reduktionsäquivalente, die aus der Glykolyse, dem Citronensäurezyklus oder dem Fettsäureabbau stammen, von NADH (↑ S. 140) über Ubichinon und Cytochrom-Redoxsysteme auf elementaren Sauerstoff übertragen, der vom Hämoglobin angeliefert wird.

Die Redoxpotenziale (pH = 7) einzelner Redoxsysteme addieren sich dabei zur Potenzialdifferenz $\Delta E'(0) = 1{,}12\,V$, was einer freien Enthalpie von $\Delta G = -218\,kJ$ entspricht.

In den Mitochondrien, dem Ort der Zellatmung, stellt sich ein Fließgleichgewicht ein. Unter **Fließgleichgewicht** versteht man einen stationären Zustand, bei dem dauernd Substanzen einströmen und Reaktionsprodukte herausgeschleust werden. In diesem besonderen Zustand, der vom chemischen Gleichgewicht zu unterscheiden ist, können Katalysatoren (Enzyme) die Konzentration einzelner Substrate beeinflussen.

7 Analytische Chemie

Wichtige Definitionen

qualitative Analyse	
Bestimmung der Art der Stoffbestandteile	Fällungs-/Farbreaktionen
Vorproben: Nachweis anorganischer Ionen	Sulfate: Bariumsulfatniederschlag · Eisen(III)-Ionen: Eisen(III)-thiocyanatkomplex · Cobalt: Thenardsblau
funktionelle Gruppen organischer Verbindungen:	
Halogenverbindungen	Silberhalogenidfällung · Beilsteinprobe
Aldehyde	Fehling-Reaktion · Tollens-Reagenz
ungesättigte Verbindungen	Bromaddition
■ Alkohole ■ Carbonsäuren	Löslichkeit in Wasser · pH-Wert · Esterbildung
quantitative Analyse	
Bestimmung der Menge einer Substanz	
Spektrometrie: Spektralanalyse einer gelösten Substanz im sichtbaren oder UV-Bereich	Konzentration der gelösten Substanz ist der Lichtabsorption proportional

Maßanalyse: Ermittlung einer gelösten Stoffmenge durch Messung eines Reagenzumsatzes. ■ Acidimetrie: Protonenübertragung zwischen Säuren und Basen (Titration, ↑ S. 25) ■ Oxidimetrie: Elektronenübertragung zwischen Reduktions- und Oxidationsmittel	Endpunktbestimmung: Farbumschlag am Äquivalenzpunkt, angezeigt durch: pH-Indikator · Redoxindikator
Gravimetrie: Ermittlung der Masse eines aus einer wässrigen Lösung ausgefällten Niederschlags (↑ S. 26) mit der Waage	Sulfidfällung von Schwermetallen wie Blei und Cadmium, Wägeform ist der geglühte Niederschlag
elektrolytische Abscheidung	Bestimmung des Kupfergehalts wässriger Lösungen
Formelermittlung: Bestimmung des Verhältnisses der Elemente einer Verbindung	Verhältnisformel = Summenformel = Molekülformel = Bruttoformel
quantitative Elementanalyse einer organischen Substanz nach Liebig durch Überführung der Elemente in anorganische Verbindungen	Bestimmung von: ■ C als CO_2 ■ H als H_2O ■ N als N_2
Molmassenbestimmung: ■ gasförmiger Stoffe: nach der allgemeinen Gasgleichung $M = (m \cdot R \cdot T)/(p \cdot V)$ ■ gelöster Stoffe: Gefrierpunktserniedrigung, Siedepunktserhöhung und osmotischer Druck sind der molaren Masse proportional.	Zusammen mit der Elementanalyse dient die Bestimmung der molaren Masse zur Aufstellung der Summenformel einer Verbindung

7.1 Beispiele für qualitative Analysen

Nachweis, Charakterisierung organischer Verbindungen

- Nachweis von Doppel- oder Dreifachbindungen durch Addition von Brom (↑ S. 80)
- Fehling-Reaktion – Nachweis für Aldehyde (↑ S. 100) und Reaktion der Glucose (Fructose, ↑ S. 126)
- Tollens-Reaktion – Nachweis für Aldehyde (↑ S. 100)
- Phenylhydrazin-Nachweis für Monosaccharide (↑ S. 126)
- Iod-Stärke-Reaktion – Nachweis für Stärke (↑ S. 131)
- Ninhydrinreaktion – Nachweis für Aminosäuren (↑ S. 135) und für Proteine
- Chromatografie (auch quantitativ, ↑ S. 117) als Nachweismöglichkeit für Kohlenhydrate, Proteine, Farbstoffe, Enzyme, Vitamine u. a.

Nachweis und Trennung von Schwermetallen

Die Schwerlöslichkeit der Metallsulfide nutzt man zur Trennung und Identifizierung der Metalle. Schwefelwasserstoff H_2S, gelöst in Wasser, führt zu einem Gleichgewicht, in dem auch Sulfid-Ionen (S^{2-}) vorliegen. Nach dem Massenwirkungsgesetz (↑ S. 12)

$$H_2S(g) + 2\,H_2O(l) \rightleftharpoons S^{2-}(aq) + 2\,H_3O^+(aq)$$

$$K_s = \frac{c^2(H_3O^+) \cdot c(S^{2-})}{c(H_2S)} = 10^{-20}\,\text{mol}^2\,\text{l}^{-2}$$

beträgt die Sulfid-Konzentration $c(S^{2-})$ in einer gesättigten H_2S-Lösung $[c(H_2S) = 0{,}1\,\text{mol l}^{-1}]$ bei $pH = 0$ $[c(H_3O^+) = 1\,\text{mol l}^{-1}]$, $c(S^{2-}) = 10^{-21}\,\text{mol}^2\,\text{l}^{-2}$. In einer stark sauren H_2S-Lösung fallen nur solche Sulfide aus, deren Löslichkeitsprodukt K_L (↑ S. 26) so klein ist, dass es bei dieser geringen Konzentration noch überschritten wird. Das ist z. B. beim Silber(I)-sulfid, Quecksilbersulfid, Blei(II)-sulfid und Cadmiumsulfid der Fall.

In alkalischer Lösung, z. B. bei pH = 8, ist die Sulfidkonzentration $c(S^{2-})$ wesentlich größer (↑ S. 12):

$$c(S^{2-}) = 10^{-21} \cdot (10^8)^2 \text{ mol l}^{-1} = 10^{-5} \text{ mol l}^{-1}$$

Bei größeren pH-Werten fallen deshalb auch leichter lösliche Sulfide aus, z. B. Zinksulfid, Eisensulfid und Nickelsulfid. Durch Wahl des pH-Werts lassen sich bestimmte Sulfide ausfällen und trennen. Schwerer lösliche Sulfide fallen bereits im Sauren aus, leichter lösliche Metallsulfide erst im Basischen.

7.2 Beispiele für quantitative Analysen

Säure-Base-Titration

Die Säure-Base-Titration ist eine quantitative Neutralisation. Prinzipiell läuft dabei stets die Gleichgewichtsreaktion

$$H_3O^+(aq) + OH^-(aq) \rightleftharpoons 2\,H_2O(l)$$

ab. Man vergleicht bei einer Titration die Konzentrationen und Volumina von Säure- und Base-Maßlösungen. Das sind Lösungen bestimmter Konzentration. Übliche Konzentrationen sind zum Beispiel $c = 1 \text{ mol l}^{-1}$ oder $c = 0{,}5 \text{ mol l}^{-1}$ oder $c = 10^{-1} \text{ mol l}^{-1}$. Aus dem Verbrauch der Maßlösung lässt sich die Konzentration der Testlösung bestimmen.

Den Punkt, in dem von beiden Reaktionspartnern gleiche Stoffmengen vorliegen, nennt man **Äquivalenzpunkt (ÄP)**. Hier gilt:

$n(\text{Säure}) = n(\text{Base})$

Gleiche Stoffmengen bedeutet jeweils, dass das Produkt aus

Konzentration c und Volumen V gleich groß sein muss (↑ S. 6).

$c(\text{Säure}) \cdot V(\text{Säure}) = c(\text{Base}) \cdot V(\text{Base})$

Dabei sind vier Fälle zu unterscheiden:

- n(starke Säure) = n(starke Base) ⇒ ÄP bei pH = 7
  Beispiel: Nur bei der Titration einer starken Säure mit einer gleich starken Base fallen Äquivalenzpunkt und Neutralpunkt (pH = 7) zusammen.
- n(schwache Säure) = n(starke Base) ⇒ ÄP bei pH > 7
  Beispiel: Bei der Titration von Essigsäure mit Natronlauge liegt im Äquivalenzpunkt eine verdünnte wässrige Natriumacetat-Lösung vor. Durch Protolyse entstehen hier pro Zeiteinheit weniger Protonen als Hydroxid-Ionen, da Essigsäure eine schwache Säure ist (↑ S. 29).
- n(starke Säure) = n(schwache Base) ⇒ ÄP bei pH < 7
  Beispiel: Bei der Titration von Salzsäure mit Ammoniak entsteht im Äquivalenzpunkt Ammoniumchlorid.
- n(schwache Säure) = n(schwache Base) ⇒ ÄP bei pH ≈ 7
  Beispiel: Bei der Titration von Essigsäure mit Ammoniak entsteht im Äquivalenzpunkt Ammoniumacetat.

Trägt man die pH-Werte gegen das Volumen an zugesetzter Maßlösung auf, erhält man eine **Titrationskurve.**

Der Äquivalenzpunkt entspricht dem Wendepunkt der Titrationskurve (↑ S. 119). Er kann mithilfe eines geeigneten pH-Indikators bestimmt werden.

Der Verlauf der Titrationskurve hängt davon ab, ob man die Konzentration einer starken Säure bzw. Base oder die Konzentration einer schwachen Säure bzw. Base bestimmen will.

Beispiel: Titration von $V = 100$ ml Essigsäure der Konzentration $c = 10^{-1}\ \text{mol}\ \text{l}^{-1}$ mit Natronlauge der Konzentration $c = 10^{-1}\ \text{mol}\ \text{l}^{-1}$ (Indikator Methylrot).

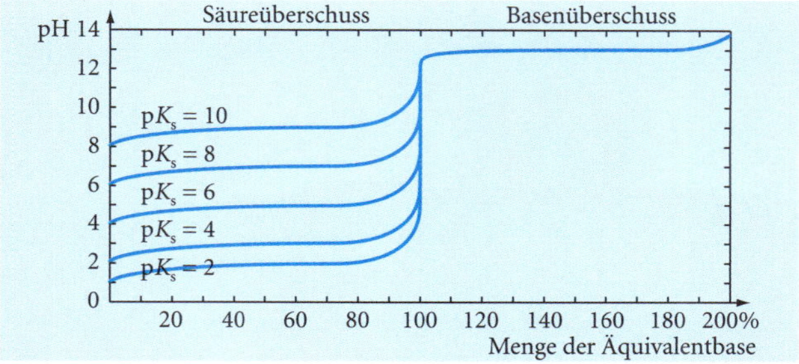

Titrationskurve in Abhängigkeit vom pK_S-Wert (Säurestärke, ↑ S. 20). Anfangskonzentrationen: $c = 10^{-1}$ mol l^{-1}

Die Titration von Essigsäure entspricht dem Verlauf von Kurve 2. Bei 50 %iger Neutralisation ist

$$c(Ac^-) = c(HAc), \quad c(H_3O^+) = K_c \cdot [c(HAc)/c(Ac^-)].$$

Für diesen Fall folgt: $pK_s = pH$. Allgemein gilt, dass die pH-Änderung am Äquivalenzpunkt umso geringer ist, je schwächer die Säure ist.

Bestimmung der Wasserhärte

Die Härte das Wassers wird u. a. durch gelöste Ca^{2+}-Ionen verursacht, die kohlensäurehaltiges Wasser z. B. aus Calciumcarbonat (Kalk) löst.

$$\underset{\text{Kalk}}{CaCO_3(s)} + H_2CO_3(l) \rightleftharpoons \underset{\text{Calciumhydrogencarbonat}}{2\,Ca(HCO_3)_2(s)}$$

Da die Reaktion in der Siedehitze durch die Zersetzung der Kohlensäure von rechts nach links verläuft, fällt beim Sieden Kalk aus (Kesselstein).

Zur Bestimmung der Wasserhärte verwendet man u. a. wässrige Lösungen von Ethylendiamintetraessigsäure-Dinatriumsalz-Dihydrat (EDTA) (M = 372,24 g mol^{-1}) mit dem Indikator Eriochromschwarz T, der mit Ca^{2+}-Ionen einen orangenen Komplex bildet. Farbumschlag nach grün, wenn alle Ca^{2+}-Ionen gebunden sind (Maskierung, ↑ S. 65).

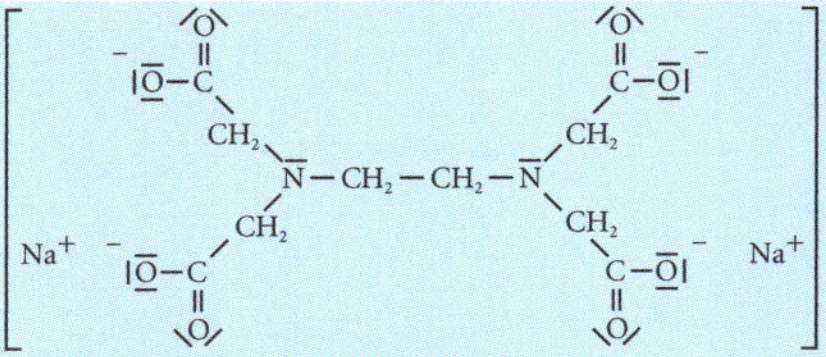

Ethylendiamintetraacetat-Dinatriumsalz

Die Stoffmenge n = 1 mmol CaO entspricht 5,6 °dH (Grad deutscher Härte, alte Einheit). Verwendet man eine EDTA-Lösung der Konzentration $c = 0{,}1785\ \text{mmol}\ l^{-1}$, entspricht 1 ml der Lösung 1 °dH (1 mmol = 10^{-3} mol).

7.3 Ermittlung chemischer Formeln

Die chemische Formel gibt das Zahlenverhältnis (Bruttoformel) der Teilchen wieder, die eine chemische Verbindung aufbauen. Die Bruttoformel sollte dabei der molaren Masse entsprechen. Chemische Formeln kann man ermitteln:

- mithilfe des Massenspektrometers,
- durch chemische Nachweis- sowie Fällungsreaktionen, die der Konzentrationsbestimmung dienen, und
- auf der Basis des Faraday-Gesetzes (↑ S. 46), durch Messung der geflossenen Ladung und abgeschiedenen Masse.

Im Massenspektrometer erreicht man die Sortierung der Ionen eines Ionenstrahls in einem gekrümmten elektrischen Feld nach ihrer Energie (Energiespektrum) und im darauf folgenden magnetischen Feld nach ihrer Masse.

Wertvolle Hilfe bei der Formelermittlung liefert auch die IR-Spektroskopie, bei der Teile eines Moleküls durch elektromagnetische Infrarotstrahlung in Schwingung versetzt werden. Eine Resonanz zwischen Erregerstrahlung und Molekülschwingung ist dann möglich, wenn dadurch eine periodische Änderung des Dipolmoments erreicht wird.

7.4 Ermittlung der molaren Masse

Nach der allgemeinen Gasgleichung: Die molare Masse M einer leicht verdampfbaren Flüssigkeitsprobe der Gesamtmasse m kann nach V. Meyer bestimmt werden, indem man nach ihrer Verdampfung in einer luftdichten Apparatur das zugehörige Volumen V der verdrängten Luft ermittelt und zusätzlich Raumtemperatur T sowie Atmosphärendruck p bestimmt. Aus der allgemeinen Gasgleichung

$$p \cdot V = n \cdot R \cdot T$$

ermittelt man die Stoffmenge n (Anzahl der Mole) zu:

$$n = (p \cdot V)/(R \cdot T)$$

Mithilfe der Definitionsgleichung für die Stoffmenge n

$$n = m/M = (p \cdot V)/(R \cdot T)$$

erhält man die molare Masse M:

$$M = (m \cdot R \cdot T)/(p \cdot V)$$

Ideales Verhalten vorausgesetzt, lässt sich nach Avogadro die molare Masse M aus der Masse m einer Stoffportion und ihrem zugehörigen Volumen V unter Normbedingungen ermitteln:

$$m \cdot V = M \cdot V_{\mathrm{mol}}$$

(V_{mol} = 22,4 l unter Standardbedingungen).

Mithilfe der Gefriertemperaturerniedrigung: Die Energie, die Teilchen beim Lösen in einem Lösemittel aufnehmen, muss beim Gefrieren der Lösung wieder abgeführt werden. Diese Gefrierpunktserniedrigung ist der molaren Masse M proportional und kann zu ihrer Bestimmung genutzt werden.

Analoges gilt für die Siedetemperaturerhöhung und für die Änderung des osmotischen Drucks von Lösungen.

Elementaranalyse nach Liebig

Ermittlung der Elemente einer organischen Substanz

Nachdem die Masse m(Probe) einer organischen Substanz bestimmt wurde, wird im nächsten Analyseschritt eine Probe dieser Substanz in reinem Sauerstoff verbrannt. Besteht die Verbindung nur aus Kohlenstoff, Wasserstoff und Sauerstoff, so bildet sich dabei Wasser und Kohlenstoffdioxid. Die Absorptionsgefäße muss man zuvor trocknen und wiegen.

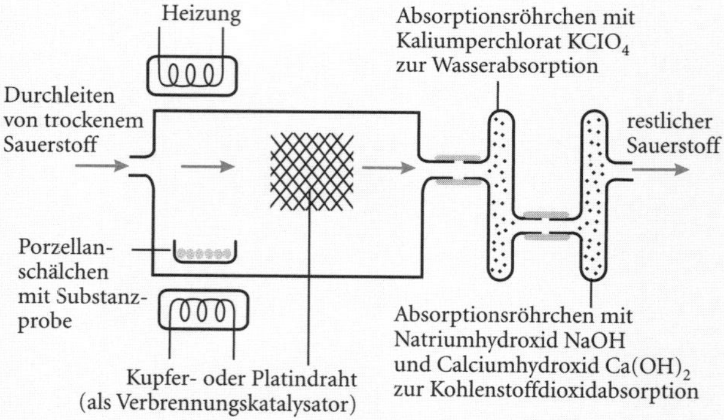

1. Durch Differenzwägung der Absorptionsgefäße ermittelt man die Masse des absorbierten Wassers $m(H_2O)$ und des Kohlenstoffdioxids $m(CO_2)$. Mithilfe der bekannten Molekülmassen dieser Verbindungen, $M(H_2O) = 18\,u$ sowie $M(CO_2) = 44\,u$, lässt sich jeweils die Masse des Kohlenstoffs m(Kohlenst.) bzw. des Wasserstoffs m(Wasserst.) in der Probe errechnen:

$$\frac{44\,u}{12\,u} = \frac{m(CO_2)}{m(\text{Kohlenst.})} \quad \text{bzw.} \quad \frac{18\,u}{2\,u} = \frac{m(H_2O)}{m(\text{Wasserst.})}$$

2. Da die Gesamtmasse der Probe bekannt ist, errechnet sich die Masse des Sauerstoffs aus der Differenz.

$$m(\text{Sauerst.}) = m(\text{Probe}) - [m(\text{Kohlenst.}) + m(\text{Wasserst.})]$$

3 Das Teilchenzahlenverhältnis erhält man, wenn man die so ermittelten Massen jeweils durch ihre Atommassen dividiert:

$$N(\mathrm{C}) : N(\mathrm{H}) : N(\mathrm{O}) = \frac{m(\text{Kohlenst.})}{12\,\mathrm{u}} : \frac{m(\text{Wasserst.})}{1\,\mathrm{u}} : \frac{m(\text{Sauerst.})}{16\,\mathrm{u}}$$

4 Um das Zahlenverhältnis besser zu erkennen, dividiert man mit der kleinsten erhalten Zahl und rundet auf. Es ist zu kontrollieren, ob die molare Masse ein Mehrfaches des Teilchenzahlenverhältnis enthält.

Elementaranalyse einer organischen Substanz

In der Apparatur zur Elementaranalyse nach Liebig wurden $m(\text{Probe}) = 0{,}146$ g einer flüssigen organischen Substanz verbrannt. Als Massenverhältnis ermittelte man:

$m(\text{Kohlenst.}) : m(\text{Wasserst.}) : m(\text{Sauerst.}) = 0{,}076 : 0{,}019 : 0{,}051$

Dividiert man diese Werte analog (3) mit den zugehörigen Atommassen, erhält man:

$N(\mathrm{C}) : N(\mathrm{H}) : N(\mathrm{O}) = 0{,}0063 : 0{,}019 : 0{,}0032$

Teilt man durch die kleinste erhaltene Zahl (0,0032), ergibt sich:

$N(\mathrm{C}) : N(\mathrm{H}) : N(\mathrm{O}) = 1{,}97 : 5{,}94 : 1$

oder aufgerundet:

$N(\mathrm{C}) : N(\mathrm{H}) : N(\mathrm{O}) = 2 : 6 : 1$

Die Bruttoformel der untersuchten Substanz beträgt C_2H_6O.

Dem Ergebnis entspricht die Formel von Ethanol oder Dimethylether. Dimethylether siedet bei –23 °C. Da die Probe unter Normbedingungen flüssig ist, handelt es sich um Ethanol $H_5C_2\text{-}OH$. Weitere Identifizierungsmöglichkeiten: Reaktion mit Natrium, IR-Spektroskopie.

7

8 Industrielle Chemie

Wichtige Definitionen

Chemisch-techn. Prozesse	
Treibstoffgewinnung: Rohöldestillation, Cracken höher siedender Fraktionen	Verbesserung der Klopffestigkeit von Benzin durch Reforming und Steamcracken (Pyrolysebenzin)
Kunststoffherstellung: Polymerisation, Polykondensation, Polyaddition	Verarbeiten von Thermoplasten: Extrudieren, Spritzgießen, Kalandrieren
Synthese chiraler Verbindungen: enzymatische Verfahren	Penicillin · Aminosäuren
Ammoniakherstellung: Haber-Bosch-Verfahren	Gleichgewichtsverschiebung nach dem Le-Chatelier-Prinzip
Schwefelsäureherstellung: Kontaktverfahren	katalytische Verbrennung von Schwefel
Eisengewinnung: ▪ Hochofenprozess ▪ Direktreduktionverfahren	aus Eisen(III)-oxid Reduktion durch Kohlenstoff Reduktion durch Wasserstoff · Methan
Stahlgewinnung: ▪ Sauerstoffblasverfahren ▪ Elektrostahlverfahren	aus Roheisen u. Elektroschrott Kohlenstoffentzug hohe Temperatur durch Lichtbogen für Spezialstähle

8.1 Treibstoffgewinnung

Motorentreibstoffe gewinnt man in der Regel aus Rohöl (Erdöl), einem komplexen Gemisch verschiedener Kohlenwasserstoffe. Durch fraktionierte Destillation werden die Rohölbestandteile in verschiedene Siedefraktionen aufgetrennt. Man unterscheidet:

- Rohbenzin (Pentane – Octane) bis 150 °C
- Leuchtpetroleum, Kerosin 150–250 °C
- Gasöl 250–350 °C
- Schmieröl 350–450 °C
- Rückstand

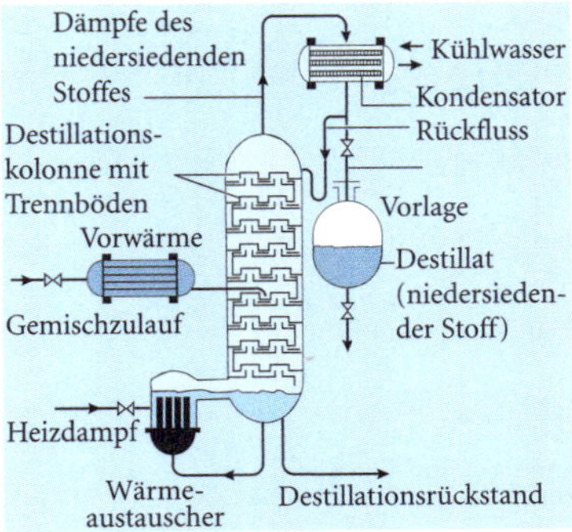

Kontinuierliche Destillation

Die Rohöldestillation wird kontinuierlich in einer Kolonne durchgeführt. Das Rohöl wird zum Sieden gebracht, die entstehenden Dämpfe werden auf den „Glockenböden" kondensiert. Die Temperatur der Kondensate auf den verschiedenen Böden nimmt von unten nach oben ab, sodass tiefer siedende Verbindungen durch die Glockenböden weiter aufsteigen. Von den Böden kann man einzelne Fraktionen abziehen.

Kraftstoffe für Ottomotoren werden aus der Treibbenzin-Fraktion (100–120 °C, Straight-run-Benzin) gewonnen, Dieselöl aus der Gasöl-Fraktion. Durch industrielle Verfahren verarbeitet man auch die Bestandteile höher siedender Fraktionen auf Motorentreibstoffe.

Thermisches und katalytisches Cracken

Beim Cracken spalten höhermolekulare Kohlenwasserstoffe z. B. der Schmierölfraktion durch Hitze und mithilfe von Katalysatoren in kleinere Moleküle auf, wobei auch ungesättigte Verbindungen, Cycloalkane und Wasserstoff entstehen.

Cracken von Eikosan:

$$\underset{\text{Eikosan}}{C_{20}H_{42}} \rightarrow 2\ \underset{\text{Octan}}{C_8H_{18}} + \underset{\text{Butadien}}{C_4H_6}$$

Hauptprodukte des Crackens

Ein Hauptprodukt des Crackens ist das Propen C_3H_6, das als wichtiges Zwischenprodukt in der chemischen Industrie durch **Metathese** weiterverarbeitet wird. Man versteht darunter eine katalytische Disproportionierung von Alkenen, bei der Ethylidengruppen ($H_3C\text{-}CH\text{=}$) zwischen Propenmolekülen ausgetauscht werden.

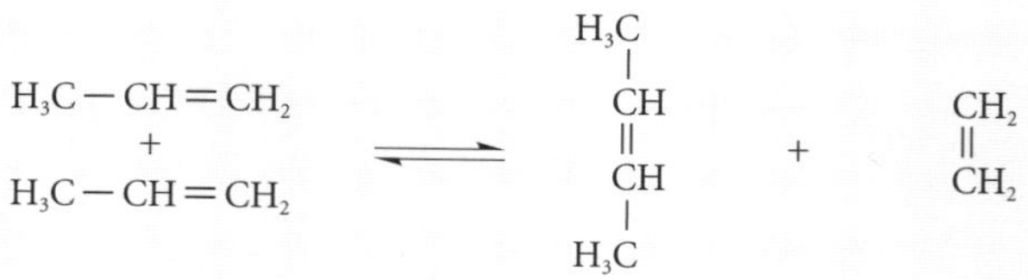

Propen But-2-en Ethen

Außerdem entsteht beim Cracken Methylpropen (Isobuten), das zu MTB-Ether weiterverarbeitet wird (↑ S. 96, 165).

Nebenprodukt des Crackens

Aus ökologischen Gründen findet vor dem Cracken eine Entschwefelung statt. Schwefelhaltige Verbindungen würden zudem die Katalysatoren vergiften. Der auf diese Weise gewonnene Schwefel wird u. a. zur Herstellung von Schwefelsäure verwendet (↑ S. 175).

Reforming

Beim Reforming-Prozess wird durch Isomerisierungen, Cyclisierungen und Aromatisierungen eine Verbesserung der Klopffestigkeit des Motorentreibstoffs erreicht.

Unter dem „Klopfen“ des Motors versteht man ein Motorengeräusch, das durch vorzeitige Entzündung des Benzindampf-Luft-Gemischs beim Komprimieren entsteht. Verursacht wird dies durch einen zu hohen Anteil an *n*-Alkanen. Unter katalytischer Einwirkung (Pt, Platforming) wandelt man durch Reformieren bei 2–5 MPa und 500 °C weniger klopffeste kettenförmige Alkane in klopffestere verzweigte, cyclische oder aromatische Verbindungen mit höherer Octanzahl (OZ) um. Mögliche Reaktionen des Heptans beim Reforming-Prozess:

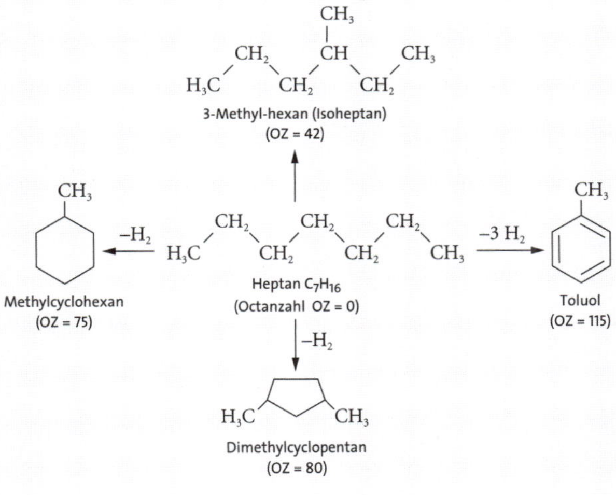

Durch Cracken und Reformingprozesse lassen sich höhermolekulare Bestandteile des Rohöls zu wertvollen Motorentreibstoffen verarbeiten.

Platin – Katalysatoren- und Edelmetall

Für industrielle Verfahren ist Platin als Katalysatorenmetall unverzichtbar. Es ermöglicht die verfahrenstechnische Herstellung von hochoctanigem Benzin ebenso wie die technische Produktion von Salpetersäure (↑ S. 174) und die umweltfreundliche Verbrennung der Kraftstoffe in Ottomotoren (Dreiwegekatalysator). Hydrierungen von Doppelbindungen, Verbrennung von Wasserstoff (Döbereiner Feuerzeug) und die Normal-Wasserstoffelektrode sind ohne fein verteiltes Platin (Platinmohr, große Oberfläche) undenkbar. Infolge seines hohen Redoxpotenzials ($E(\mathrm{Pt/Pt^{2+}}) = 1{,}6\,\mathrm{V}$) ist Platin auch ein beliebtes Schmuckmetall.

Platingewinnung: Die Nickel-Kupfersulfide aus Südafrika und Kanada sind platinhaltig. Nach ihrer Behandlung im Konverter gießt man den Nickel-Kupfersulfid-Stein in Anodenplatten und elektrolysiert, wobei sich Platinmetalle im Anodenschlamm sammeln. Nach einem aufwendigen Trennverfahren erhält man Ammoniumhexachloroplatin(IV) $(NH_4)_2[PtCl_6]$, das beim Zersetzen Platin liefert. Der weitaus größte Teil des Bedarfs wird heute aber durch **Recycling** platinhaltiger Geräte gedeckt.

Dreiwegekatalysator: Im Dreiwegekatalysator optimiert eine λ-Sonde das Verhältnis zwischen unverbrannten Kohlenwasserstoffen bzw. Stickoxiden und Sauerstoff (Luft). Dadurch entstehen in einer „Nachverbrennung" unschädliche Verbindungen:

$$\mathrm{C}_m\mathrm{H}_n(\mathrm{g}) + (m + \tfrac{n}{4})\,\mathrm{O_2(g)} \rightarrow m\,\mathrm{CO_2(g)} + \tfrac{n}{2}\,\mathrm{H_2O(g)}$$

$$2\,\overset{\mathrm{II}}{\mathrm{C}}\mathrm{O(g)} + 2\,\overset{\mathrm{II}}{\mathrm{N}}\mathrm{O(g)} \rightarrow \overset{\pm 0}{\mathrm{N}}_2\mathrm{(g)} + 2\,\overset{\mathrm{IV}}{\mathrm{C}}\mathrm{O_2(g)}$$

Erhitzen mit Wasserdampf

Pyrolyse ist ein industrielles Verfahren, bei dem man Verbindungen ohne Zutritt von Sauerstoff oder Luft erhitzt.
Im Fall der **Benzinpyrolyse** setzt man überhitzten Wasserdampf zu und erreicht durch kurzes Erhitzen (unter 1 s) auf 700–950 °C und rasches Abkühlen die Bildung von Methan, diversen Alkenen und einem aromatenreichen Benzin.

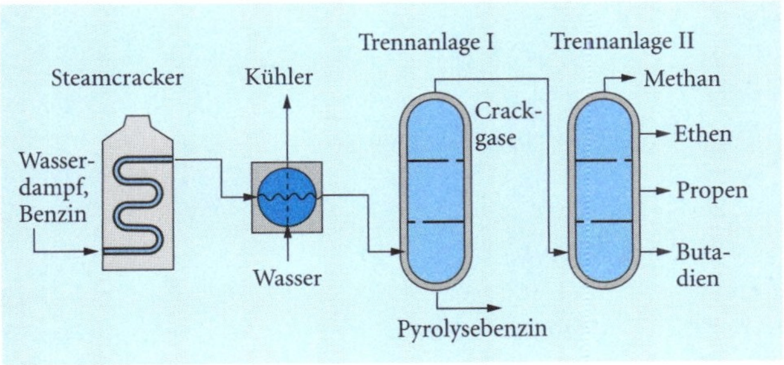

Herstellung von Pyrolysebenzin durch Steamcracken

Beim Steamcracken werden C-C- und C-H-Bindungen gespalten und es entstehen Doppelbindungen und Aromaten. Pyrolysebenzin hat eine Octanzahl von 92–100. Es wird als Kraftstoff für Ottomotoren sowie zur Gewinnung von Aromaten, insbesondere Benzin, verwendet.

Ethen, Propen und Butadien, die ebenfalls beim Steamcracken entstehen, werden hauptsächlich in der Kunststoff- und Kautschukproduktion verwendet.

Neben Rohbenzin werden in Westeuropa zunehmend Mitteldestillate dem Verfahren des Steamcrackens unterzogen.

Fischer-Tropsch-Verfahren

Kohlevergasung

Bei diesem Verfahren stellt man aus Synthesegas (Kohlenstoffmonooxid und Wasserstoff) Kohlenwasserstoffe her. Synthesegas kann aus Kohle oder Rohöl (Benzin) und Wasserdampf gewonnen werden.

$$n\,CO + (2n + 1)\,H_2 \rightarrow C_nH_{2n+2} + n\,H_2O$$

Das nach seinen Erfindern F. Fischer und H. Tropsch benannte Verfahren wird in Deutschland nicht angewendet. Es ist besonders für erdölarme, aber kohlenreiche Staaten interessant. Im Ruhrgebiet wird jedoch eine Pilotanlage unterhalten, um technisches Wissen und Erfahrungen auszubauen.

Qualitätsmerkmale von Benzin

Benzine enthalten in der Regel zur Qualitätsverbesserung verschiedene lösliche Additive. Ein Additiv darf höchstens 1 % Anteil am Gesamtvolumen einnehmen.

Additive	
Antiklopfmittel	Anti-Icing
Rückstandsumwandler	Antioxidans
Antikorrosiv	Farbstoffe

Antiklopfmittel können die Kompressionsfähigkeit von Benzinmotoren verbessern und verhindern so ein „Klopfen“ (↑ S. 161). Früher verwendete man Isooctan oder auch Bleitetraethyl. Letzteres wird heute, nach Inkrafttreten der letzten Stufe des Benzin-Blei-Gesetzes (1988), aus gesundheitlichen Gründen nicht mehr eingesetzt.

Ein Maß für die Klopffestigkeit des Benzins ist die **Octanzahl**. Man bestimmt sie in einem geeichten Prüfmotor durch Vergleich von Normbenzin mit Testbenzin. Normbenzin ist ein Gemisch aus Heptan (OZ = 0) und 2,2,4-Trimethylpentan (↑ S. 76), auch kurz Isooctan genannt (OZ = 100). Die Octanzahl gibt den Prozentgehalt an Isooctan im Normbenzin an, wenn beide Benzinsorten die gleiche Klopffestigkeit besitzen. Die wichtigste „Klopfbremse", der MTB-Ether, wird aus 2-Methylpropen (Isobuten) und Methanol hergestellt (↑ S. 96).

Unverbleites Normalbenzin hat eine Octanzahl von 91, Super von 95 und Super-Plus von 98. Um diese hohen Octanzahlen zu erreichen, müssen außer MTB-Ether auch noch verzweigte, cyclische und aromatische Verbindungen zugesetzt werden.

8.2 Hydroformylierung

Herstellung von Alkoholen, Aldehyden und Carbonsäuren

Bei diesem auch als **Oxo-Synthese** bezeichneten Verfahren stellt man aus Alkenen mittels Synthesegas Aldehyde her, die um ein C-Atom reicher sind als das Ausgangsalken.

Beispiel: Hydroformylierung von Propen

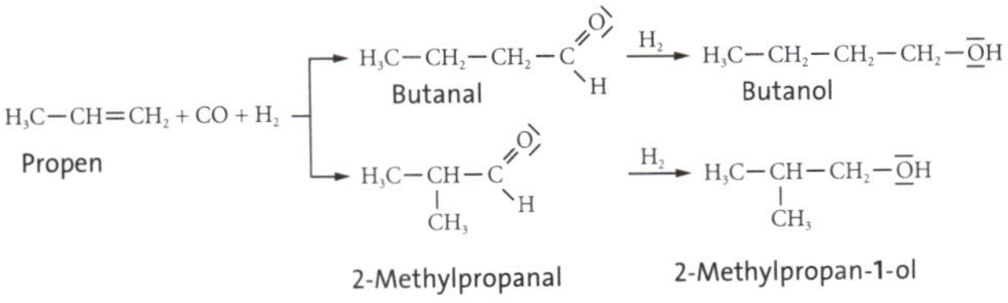

Da beide C-Atome der Doppelbindung des Alkens mit der Formylgruppe –HC=O katalytisch reagieren können, treten auch Isomerisierungen auf. Wichtige organische Verbindungen wie z. B. Essigsäure und Ethylenglykol werden durch Hydroformylierung gewonnen (↑ S. 101).

Synthesegaserzeugung

Synthesegas ist ein Gasgemisch aus Kohlenstoffmonooxid und Wasserstoff in wechselndem Mischungsverhältnis. Man kann es aus Kohle, Erdöl, Erdgas, Rückständen, Holz, Torf, Biomasse und Wasserdampf herstellen.

$$C(s) + H_2O(g) \rightleftharpoons CO(g) + H_2(g)$$

Die Reaktion findet häufig in einem Wirbelschichtreaktor statt. In diesem werden die gasförmigen Ausgangsstoffe mit hohem Druck von unten eingeblasen. Die gemahlenen Feststoffe schweben so auf einem Gaspolster und lassen sich physikalisch wie eine Flüssigkeit behandeln. Um den Energiebedarf der endothermen Reaktion zu decken, wird ein Teil des Einsatzes verbrannt.

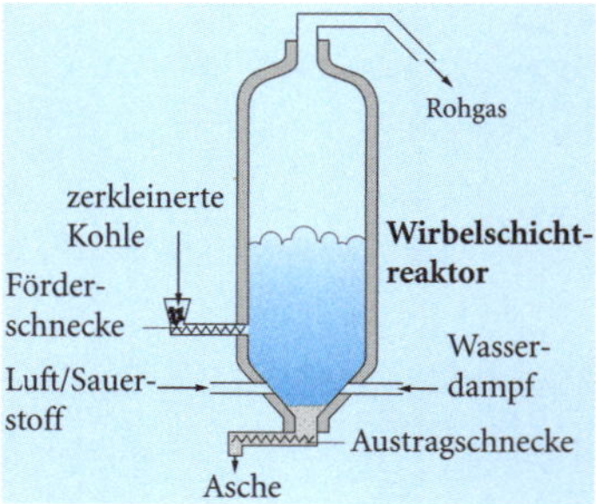

Wirbelschichtreaktor

Synthesegas erhält man auch aus Erdgas (Methan) und Wasserdampf:

$$CH_4(g) + H_2O(g) \rightleftharpoons CO(g) + 3\,H_2(g)$$

Synthesegas lässt sich bei unterschiedlichen industriellen Verfahren einsetzen:

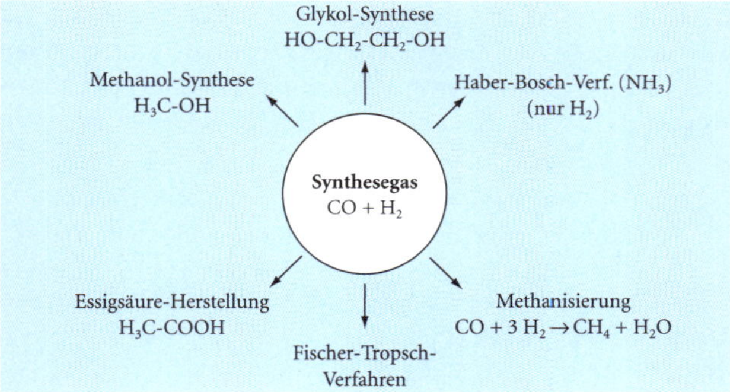

8.3 Seifen und Waschmittel

Seifen sind Salze

Natrium- oder Kaliumsalze der Fettsäuren, z. B. Natriumpalmitat oder Kaliumstearat, bezeichnet man als Seifen. Natriumsalze bilden Kernseifen, Kaliumsalze sind Schmierseifen.

$$H_3C-(CH_2)_{14}-\overset{\overset{\displaystyle O}{\|}}{C}-\overline{\underline{O}}|^{\ominus} \quad X = Na^+$$

Natriumpalmitat

$$H_3C(CH_2)_{16}-\overset{\overset{\displaystyle O}{\|}}{C}-\overline{\underline{O}}|^{\ominus} \quad X = K^+$$

Kaliumstearat

Die Kohlenstoffkette verleiht den Anionen der Seifen die Eigenschaft, „lipophil" zu sein, sie lösen leicht Fette und sind gleichzeitig „hydrophob" – wasserabstoßend. Das ionogene Ende der Carboxylgruppe dagegen ist „hydrophil", da es leicht mit Wasserdipolen in Wechselwirkung tritt. Es ist gleichzeitig „lipophob" – fettabstoßend.

Wenn man davon ausgeht, dass Schmutz, chemisch gesehen, hauptsächlich Fett ist, schieben sich Anionen der Seifen beim Waschvorgang zwischen die lipophile Schmutzschicht und die hydrophile Faseroberfläche. So sind sie in der Lage, die Schmutzschicht von der Faseroberfläche abzulösen und Fett im Wasser kolloidal (Micellen) zu lösen. Seifen haben aber beim Waschvorgang zwei wesentliche Nachteile:

- als Salze schwacher Säuren und starker Basen reagieren ihre wässrigen Lösungen basisch (↑ S. 28) und
- die Calciumsalze der Palmitinsäure (Hexadecansäure) und Stearinsäure (Octadecansäure) sind im Wasser schwer löslich.

Moderne Waschmittel

Tenside sind grenzflächenaktive Substanzen, sie enthalten also einen hydrophilen und einen hydrophoben Molekülteil. Beispiele stellen u. a. die Schwefelsäureester der Fettalkohole dar.

Beispiele:

$H_3C\text{-}(CH_2)_{15}\text{-}O\text{-}SO_3^-Na^+$	$H_3C\text{-}(CH_2)_{17}\text{-}O\text{-}SO_3^-K^+$
Natriumsalz des Hexadecansulfats	Kaliumsalz des Octadecansulfats

Moderne Waschmittel enthalten neben Seifen und Tensiden auch Schaumbremsen (Silicone) und Parfüm. Tenside und Seifen erniedrigen die Oberflächenspannung des Wassers und ermöglichen eine bessere Benetzung der Fasern. Weitere wichtige Bestandteile sind:

- **Puffergemische** zur Konstanthaltung des pH-Werts (↑ S. 30)
- **Perborate** (Peroxoborate) geben ab 60 °C Sauerstoff ab, der bleichend und desinfizierend wirkt
- **Wasserenthärter** (↑ S. 153) wie Polyphosphate, Zeolithe sind Gerüstsilicate, die Ca^{2+}-Ionen einbauen
- **Optische Aufheller** wandeln UV-Licht in blaues Licht, das mit dem Gelb der Fasern „weiß“ ergibt (Komplementärfarben, ↑ S. 112)
- **Enzyme** sind (↑ S. 139) hochmolekulare Proteine, die bereits bei 30 °C eiweißhaltigen Schmutz lösen

- **Vergrauungsinhibitoren** sind carboxymethylierte Cellulosederivate, die ein erneutes Aufziehen des gelösten Schmutzes auf gereinigte Fasern verhindern

8.4 Verarbeitung von Kunststoffen

Kautschuk und Plaste

Kunststoffe sind aus synthetischen Makromolekülen aufgebaut, die man durch Polymerisation, Polykondensation oder Polyaddition gewinnen kann (↑ S. 107ff.). Man unterscheidet **Thermoplaste, Duroplaste** und **Elastomere.**

Verarbeitungsmöglichkeiten von Thermoplasten:

- **Extrudieren:** Thermoplaste werden mithilfe einer Schnecke durch eine Strangpresse befördert; Erzeugung von Rohren und Profilen.
- **Spritzgießen:** Thermoplastische Massen werden durch Düsen in eine Form gepresst.
- **Kalandrieren:** Thermoplaste werden zwischen geheizten Walzen (Kalandern) gezogen; Herstellung von Folien.

Um Eigenschaften zu variieren, polymerisiert man mehrere Monomere gemeinsam. Dadurch entstehen Copolymere.

- Copolymere: –A–B–A–B–A–B–
- Blockpolymere: –A–A–A–B–B–B–
- Pfropfpolymere:

```
–A–A–A–
 |  |  |
–B–B–B–
 |  |  |
```

Recycling

Stoffe im Kreisverkehr

Erdöl und Erdölprodukte sind viel zu wertvoll, um verbrannt zu werden. Den Versuch, wichtige Ausgangsstoffe zurückzugewinnen, bezeichnet man als **Recycling.**

Recycling betrifft außer Kunststoffe auch Glasabfälle, Altpapier, Buntmetalle, Motorenöl u. a. Recycling vermindert die Abfallmenge. Verbrennung von Kunststoffabfällen und Papier ist Energierecycling.

Nicht alle Kunststoffe sind recycelbar. Erfolgreich recycelt man z. B. Plexiglas, PET-Flaschen und Altreifen.

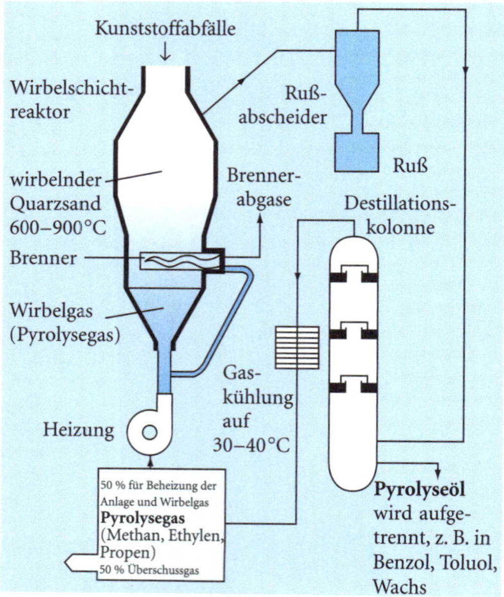

Pyrolyse von Kunststoffabfällen

8.5 Enzymatische industrielle Verfahren

Bei der Synthese chiraler Verbindungen, die optisch aktiv sind, entsteht im Reagenzglas stets das Racemat (↑ S. 128). In höheren Lebewesen kommen aber nur Aminosäuren der L-Reihe vor. Durch katalytische Beteiligung eines Enzyms kann erreicht werden, dass nur das gewünschte L-Enantiomer entsteht. So stellt man z. B. wichtige Enantiomere her, die als Wirkstoffe in Medikamenten fungieren. Auch die Aminosäuren (↑ S. 104, 134) L-Alanin, L-Valin, L-Phenylalanin und L-Tryptophan werden mithilfe eines Enzyms (Aminoacylase) stereospezifisch und kontinuierlich hergestellt.
Enzymatische Reaktionen haben auch in der Lebensmittel-, Textilindustrie, bei der Abwasserbehandlung in Kläranlagen (Abbau von Verunreinigungen) u. a. ihren festen Platz.

- Käseherstellung durch Proteasen (z. B. Lab)
- Herstellung von Ethanol durch Gärung (↑ S. 144)
- Penicillin-Synthese
- Fumarsäure/Äpfelsäure-Synthese durch Aspartase
- Herstellung von Lactose und Glucose durch β-Galactosidase
- Bildung von Glucose und Fructose bei der Stärkeverzuckerung mit Glucose-Isomerase
- Bildung von Natriumglutamat (Speisewürze) mittels *Corynebacterium glutamicum*
- Fettspaltung und Herstellung von Emulgatoren durch Lipase
- Sauerstoff-Entfernung in Konserven und Bier durch Glucose-Oxidase
- Enthaarung von Tierfellen und anschließendes Beizen zur Lederherstellung
- Erzeugung von Methan (Biogas) aus Dung

8.6 Haber-Bosch-Verfahren

Ammoniak, das in großen Mengen zur Mineraldüngerproduktion benötigt wird, stellt man durch heterogene Katalyse aus den Elementen Wasserstoff und Stickstoff her.

$$\overset{\pm 0}{N_2}(g) + 3\,\overset{\pm 0}{H_2}(g) \rightleftharpoons 2\,\overset{-III+I}{NH_3}(g) \mid \Delta H_R^\circ = -90{,}5\,\text{kJ}$$

Als Katalysator dient mit Alkali- und Aluminiumhydroxid aktiviertes Eisen. Bei 500 °C und 25 MPa erhält man im Gleichgewicht 8 % Ammoniak. Die exotherme Hinreaktion bedingt die geringe Ausbeute.

Um ein Entweichen des Wasserstoffs aus dem Ammoniak-Kontaktofen zu verhindern, besteht die innere Schicht aus weichem Eisen. Die Außenhaut ist aus stabilem Stahl, zusammengehalten durch Stahlbänder. Moderne Anlagen produzieren täglich ca. 900 t flüssiges Ammoniak.

Nach dem Le-Chatelier-Prinzip übt eine Temperaturerhöhung auf exotherme Reaktionen einen Zwang aus, der das Gleichgewicht nach links verschiebt (↑ S. 14). Druckerhöhung begünstigt die Hinreaktion, bei der die Teilchenzahl abnimmt. Das Massenwirkungsgesetz (↑ S. 12) zeigt, dass

$$K_p = \frac{p^2(NH_3)}{p(N_2) \cdot p^3(H_2)}$$

eine Verdopplung des Wasserstoffpartialdrucks die Reaktionsgeschwindigkeit der Hinreaktion auf das Achtfache ansteigen lässt (↑ S. 8, 15). Stickstoff bezieht man aus Luftverflüssigungsanlagen. Der Wasserstoff stammt häufig aus Synthesegas (↑ S. 166/167), dem man Kohlenstoffmonooxid durch **Konvertierung** entzieht.

$$\overset{+II}{C}O(g) + \overset{+I}{H_2}O(g) \rightleftharpoons \overset{+IV}{C}O_2(g) + \overset{\pm 0}{H_2}(g) \mid \Delta H_R^\circ = -41\,\text{kJ}$$

Unter Druck müssen Kohlenstoffdioxid und Kohlenstoffmonooxid entfernt werden, Letzteres durch Methanisierung:

$$\overset{+II}{C}O(g) + 3\,\overset{\pm 0}{H_2}(g) \rightleftharpoons \overset{-IV}{C}\overset{+I}{H_4}(g) + H_2O(g)$$

8.7 Chlor-Alkali-Elektrolyse

Beim Membranverfahren wird eine wässrige Natriumchlorid-Lösung elektrolysiert, die 300 g Natriumchlorid pro Liter enthält. Die angelegte Spannung beträgt 3,2–4,2 V.

$$\text{Anode: } 2\,\overset{-I}{Cl^-}(aq) \rightarrow \overset{\pm 0}{Cl_2}(g) + 2\,e^- \mid E(0) = 1{,}35\,V$$

$$\text{Katode: } 2\,\overset{+I}{H_2}O(l) + 2\,e^- \rightarrow \overset{\pm 0}{H_2}(g) + 2\,OH^-(aq) \mid E(0) = -0{,}83\,V$$

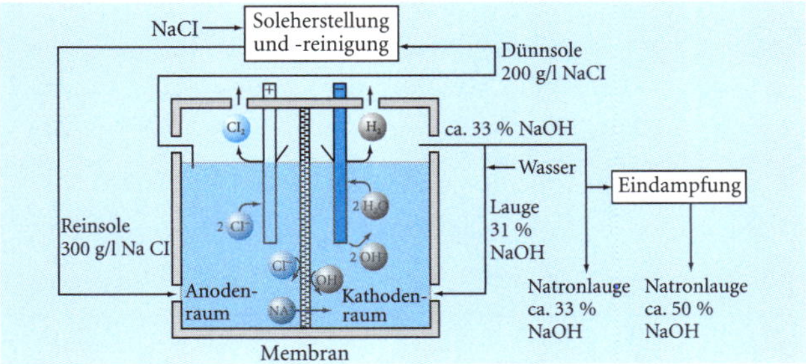

Membranverfahren zur Herstellung von Chlor, Wasserstoff und Natronlauge

Durch die Zersetzung der Wasserdipole reichern sich im Kathodenraum (rechts) Hydroxid-Ionen an. Im Anodenraum überwiegt durch die Entladung der Chlorid-Ionen die Natrium-Ionen-Konzentration. Die Membran ist nur für Natrium-Ionen durchlässig. Im rechten Teil zieht man eine Dünnsole ab, die nach Konzentrierung auf 50 % in den Handel kommt. Die gereinigte und aufkonzentrierte Sole wird im Kreislauf geführt.

Herstellung von Salpetersäure

Das nach W. Ostwald benannte **Ostwald-Verfahren** zur Herstellung von Salpetersäure beruht auf der Oxidation von Ammoniak mit Luftsauerstoff am Platinkontakt (Katalysator).

1. Ammoniak wird zunächst zu Stickstoffmonooxid (Stickstoff(II)-oxid) oxidiert:

$$4\,\overset{-III}{N}H_3(g) + 5\,\overset{\pm 0}{O_2}(g) \rightarrow 4\,\overset{+II}{N}O(g) + 6\,H_2\overset{-II}{O}(g) \mid \Delta H_R^\circ = -904\,kJ$$

2. Stickstoffmonooxid wird durch Luftsauerstoff zu Stickstoffdioxid (Stickstoff(IV)-oxid) oxidiert:

$$2\,\overset{+II}{N}O(g) + \overset{\pm 0}{O_2}(g) \rightarrow 2\,\overset{+IV}{N}\overset{-II}{O_2} \mid \Delta H_R^\circ = -114\,kJ$$

3. Beim Einleiten in Wasser disproportioniert Stickstoffdioxid in Salpetersäure und Stickstoffmonooxid. Bei dieser **Disproportionierung** ist das Stickstoffatom mit der Oxidationszahl +IV sein eigenes Oxidations- und Reduktionsmittel. Zwei Stickstoffatome mit +IV geben je ein Elektron ab und ein Stickstoffatom mit der Oxidationszahl +IV nimmt zwei Elektronen auf und besitzt dann die Oxidationszahl +II.

$$3\,\overset{+IV}{N}O_2(g) + H_2O(l) \rightarrow 2\,H\overset{+V}{N}O_3(l) + \overset{+II}{N}O(g) \mid \Delta H_R^\circ = -73\,kJ$$

Das frei werdende Stickstoffmonooxid wird wieder eingesetzt.

Königswasser

Ein Gemisch aus 1 Teil konzentrierter Salpetersäure und 3 Teilen konzentrierter Salzsäure bildet Königswasser, das infolge des reaktiven Nitrosylchlorids NOCl und des elementaren Chlors sogar Gold und Platin löst.

$$H\overset{+V}{N}O_3(l) + 3\,H\overset{-I}{Cl}(l) \rightarrow \overset{+III}{N}O\overset{-I}{Cl}(g) + \overset{\pm 0}{Cl_2}(g) + 2\,H_2O(l)$$

Herstellung von Schwefelsäure

Beim **Kontaktverfahren** zur Herstellung von Schwefelsäure wird Schwefel an einem Vanadiumoxid-Kontakt (Katalysator) oxidiert.

Zunächst wird Schwefel zu Schwefeldioxid verbrannt:

$$\overset{\pm 0}{S}(s) + \overset{\pm 0}{O_2}(g) \rightarrow \overset{+IV-II}{SO_2}(g) \mid \Delta H^\circ_R = -297\,kJ$$

1 Der Schwefel entstammt der Reinigung von Erdgas, von Rohöl (↑ S. 160) oder von Rauchgas, wobei man nach dem **Claus-Prozess** arbeitet **(Disproportionierung):**

$$2\,H_2\overset{-II}{S}(g) + \overset{+IV}{S}O_2(g) \rightarrow 2\,H_2O(l) + 3\,\overset{\pm 0}{S}(s) \mid \Delta H^\circ_R = -146\,kJ$$

2 Die weitere Oxidation des Schwefels zur Oxidationsstufe +VI erfolgt am V_2O_5-Kontakt (Vanadiumpentaoxid):

$$2\,\overset{+V}{V_2}\overset{-II}{O_5}(s) \rightleftharpoons 4\,\overset{+IV}{V}O_2(s) + \overset{\pm 0}{O_2}(g)$$

$$2\,\overset{+IV}{S}O_2(g) + \overset{\pm 0}{O_2}(g) \rightleftharpoons 2\,\overset{+VI}{S}O_3(g) \quad \mid \Delta H^\circ_R = -198\,kJ$$

3 Vanadiumdioxid VO_2 wird durch Sauerstoff wieder in Vanadiumpentaoxid oxidiert. Schwefeltrioxid wird in Schwefelsäure gelöst, da die Reaktion mit Wasser zu stark exotherm ist. Schwefelsäure nimmt bis zu 65 % Schwefeltrioxid auf (rauchende Schwefelsäure):

$$SO_3(g) + H_2SO_4(l) \rightarrow H_2SO_4 \cdot SO_3(l)$$

Durch Zusatz von Wasser entsteht Schwefelsäure:

$$H_2SO_4 \cdot SO_3(l) + H_2O(l) \rightarrow 2\,H_2SO_4(aq)$$

Nitriersäure

Konzentrierte Schwefelsäure liefert im Gemisch (1 : 1) mit konzentrierter Salpetersäure Nitriersäure:

$$HNO_3(l) + 2\,H_2SO_4(l) \rightarrow NO_2^+(aq) + H_3O^+(aq) + 2\,HSO_4^-(aq)$$

Die Nitriersäure wirkt durch das Nitryl-Ion, NO_2^+, elektrophil substituierend (↑ S. 90).

8.8 Schmelzflusselektrolyse von Aluminiumoxid

Bei 950–970 °C, einer Spannung zwischen 2 und 6 V und einer Stromstärke von 150 000 A wird elementares metallisches Aluminium elektrolytisch aus einer Schmelze abgeschieden. Die Reaktion findet in einem Elektrolyseofen statt und ist sehr energieaufwendig. Als Lösemittel für Aluminiumoxid verwendet man synthetischen Kryolith Na_3AlF_6, was diese Elektrolyse erst ermöglicht. Reines Aluminiumoxid schmilzt bei 2 050 °C. Eine Abscheidung aus wässriger Lösung ist nicht möglich, da bei diesen Spannungen Wasserdipole zersetzt werden (↑ S. 45). Als Kathode dient eine Stampfmasse aus Kohlenstoff und Bitumen, die erhärtet. Das Anodenmaterial besteht ebenfalls aus Kohlenstoff.

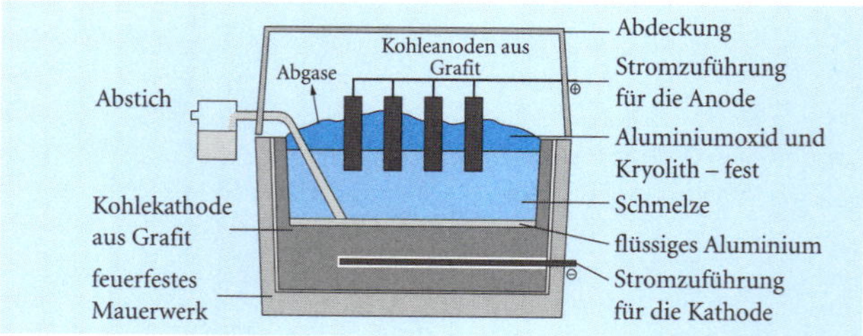

Elektrolyseofen der Schmelzflusselektrolyse von Aluminiumoxid (schematisch)

Kathodenreaktion: $\overset{+III}{Al^{3+}}(l) + 3\,e^- \rightarrow \overset{\pm 0}{Al}$

Anodenreaktion: $2\,\overset{-II}{O^{2-}}(l) \rightarrow \overset{\pm 0}{O_2}(g) + 4\,e^-$

Der entstandene Sauerstoff reagiert mit dem Anodenmaterial zu Kohlenstoffmonooxid und Kohlenstoffdioxid. Das Anodenmaterial muss deshalb nachgeführt werden.

Die Al-Herstellung ist sehr energieintensiv.

Beispiel: Berechnung der zur Aluminiumabscheidung benötigten Zeit t. Gegeben: Strom $I = 20\,\text{A}$, Masse des aus einer Schmelze abzuscheidenden Aluminiums $m(\text{Al}) = 2\,\text{g}$. Beim Aluminium beträgt $m(r)/z = 27\,\text{g}/3 = 9\,\text{g}$.
Nach dem Faraday-Gesetz (↑ S. 46) gilt die Beziehung:

$$t = \frac{F \cdot Z \cdot m(\text{Al})}{I \cdot m(r)} = \frac{96\,485\,\text{As} \cdot 3 \cdot 2\,\text{g}}{20\,\text{A} \cdot 27\,\text{g}} = 1\,072\,\text{s}$$

8.9 Der Hochofenprozess und die Stahlgewinnung

Eine Hochofenanlage besteht aus 3 Winderhitzern und einem Hochofen. In den Winderhitzern wird durch Wärmetausch mit dem abströmenden Gichtgas Heißwind (800 °C) erzeugt, der am oberen Rand des Gestells eingeblasen wird. Der Sauerstoff im Heißwind oxidiert Kohlenstoff zu Kohlenstoffmonooxid. In der Reduktionszone disproportioniert (↑ S. 174) Kohlenstoffmonooxid (Umkehrung des Boudouard-Gleichgewichts, ↑ S. 14).

$$2\,\overset{+II}{C}O(g) \rightleftharpoons \overset{\pm 0}{C}(s) + \overset{+IV}{C}O_2(g)$$

Kohlenstoff und Kohlenstoffmonooxid reduzieren Eisenoxid.

$$\overset{+III}{Fe_2}O_3(s) + 3\,\overset{\pm 0}{C}(s) \rightarrow 2\,\overset{\pm 0}{Fe}(s) + 3\,\overset{+II}{C}O(g)$$

$$\overset{+III}{Fe_2}O_3(s) + 3\,\overset{+II}{C}O(g) \rightarrow 2\,\overset{\pm 0}{Fe}(s) + 3\,\overset{+IV}{C}O_2(g)$$

Flüssiges Eisen, das in das Gestell tropft, bildet als **Roheisen** ein Endprodukt. Die auf dem Roheisen schwimmende Schlacke verhindert die Oxidation durch den eingeblasenen Heißwind. Das zweite Hochofenprodukt ist das **Gichtgas,**

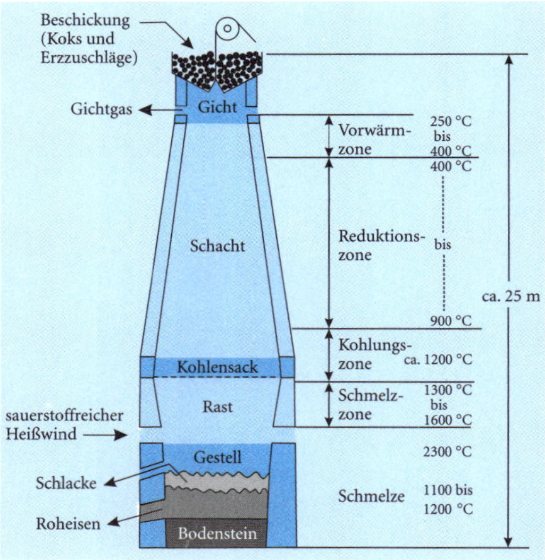

Reaktionszonen im Hochofen

das zum Vorwärmen der Luft und zum Heizen in Gichtgasmaschinen dient. Roheisen enthält noch viel Kohlenstoff, dessen Gehalt durch eine Nachbehandlung verringert werden muss. Etwa 10 % des Roheisens wird zu Gusseisen, die restlichen 90 % zu Stahl weiterverarbeitet. Stahl kann durch Wärmebehandlung gehärtet werden.

Bei der **Stahlerzeugung** füllt man Roheisen chargenweise in einen Konverter und bläst Sauerstoff (Frischen) auf die Oberfläche des flüssigen Roheisens. Unter diesen Bedingungen reagiert zuerst Kohlenstoff zu Kohlenstoffmonooxid. Dabei sinkt der Kohlenstoffgehalt unter 1,5 %. Zur Eigenschaftsverbesserung gibt man im Konverter noch Legierungsmetalle (Chrom, Nickel, Mangan, Vanadium u. a.) zu.

Modernere Verfahren der Stahlerzeugung nutzen die **Direktreduktion** mit Wasserstoff (Synthesegas) oder Methan (Erdgas).

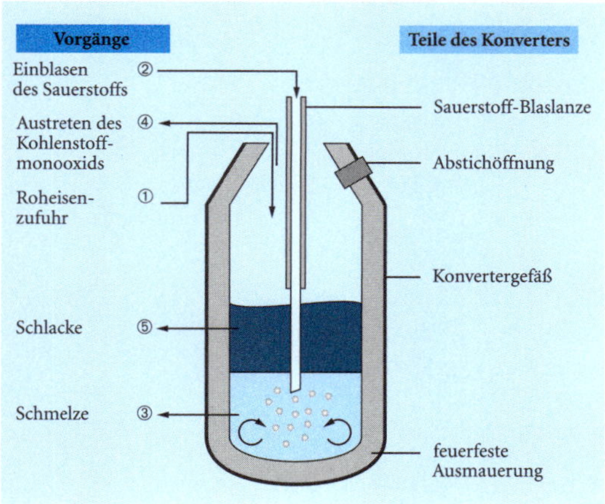

Sauerstoff-Aufblas-Konverter zur Stahlerzeugung

Beispiel: **Midrex-Verfahren** (Eisenschwamm):

$$\overset{+III}{Fe_2O_3}(s) + \overset{-IV}{CH_4}(g) \rightarrow 2\,\overset{\pm 0}{Fe}(s) + \overset{+II}{CO}(g) + 2\,H_2\overset{-II}{O}(g)$$

Vorteil: Kohlenstoff muss nicht erst zugesetzt und später wieder entfernt werden.

Beim **Elektrostahlverfahren** verarbeitet man neben wenig Roheisen hauptsächlich Schrott und Eisenschwamm. Die Schmelze bildet dabei die eine Elektrode, darüber angebrachte Kohlestäbe die andere Elektrode eines Lichtbogens. Im Lichtbogen werden Temperaturen um 3 500 °C erreicht, was die Verarbeitung hochschmelzender Legierungsbestandteile (Zirconium) ermöglicht.

Durch die Erwärmung mittels elektrischem Strom wird auch das Einbringen von Verunreinigungen (Schwefel, Phosphor) vermieden. Um ausreichende Härte und Festigkeit zu erreichen, ist im Stahl ein Kohlenstoffgehalt bis maximal 1,5 % erforderlich.

9 Umweltchemie

Wichtige Definitionen

Luft	
Luftbelastung: ▪ durch Schadstoffe, die die Luftzusammensetzung verändern ▪ durch Stäube, Aerosole	
Belastung in bodennahen Luftschichten	Stickoxide in Abgasen · bodennahes Ozon · Smog
Belastung in höheren Luftschichten	Kohlenstoffdioxid (Treibhauseffekt) · FCKW (Ozonloch)
Schutz der Atmosphäre: durch Verringerung der Schadstoffemission	Abgaskatalysatoren · Rauchgas- und Dieselentschwefelung · internationale Vereinbarungen (Kyoto)
Gewässer	
Gewässerbelastung: ▪ physikalisch durch Erwärmung ▪ chemisch durch Schadstoffe, die die Gewässer verunreinigen, den pH-Wert verändern	Kühlwasser aus Industrieprozessen Salze · Öle · Säuren · Basen · Phosphat · Nitrat-, Schwermetall-Ionen
Schutz der Gewässer: Gewässergüteklassebestimmung gemäß Chemischem Sauerstoffbedarf (CSB)	Abwasserreinigung mit mechanischen, chemischen und biologischen Stufen in Kläranlagen

9.1 Die Atmosphäre

Der Treibhauseffekt

Chemische Verbindungen in der Atmosphäre absorbieren die von der Erde reflektierte Wärmestrahlung und verhindern dadurch deren Abstrahlung in den Weltraum. Die Absorption erfolgt durch translatorische und rotatorische Molekülbewegungen sowie durch Schwingungen der Elektronenpaarbindungen. Physikalisch entspricht Wärme Teilchenbewegungen. Die Erwärmung der unteren Atmosphäre infolge Energieabsorption durch klimarelevante Spurengase nennt man Treibhauseffekt.

Natürlicher Treibhauseffekt: Dazu tragen zahlreiche Molekülarten (H_2O, CO_2, CH_4, O_2, N_2, SO_2 u. a.) bei. Durch diesen natürlichen Treibhauseffekt wird die Erde um ca. 33 K erwärmt.

Anthropogene Verstärkung des Treibhauseffekts: die Erhöhung der mittleren Atmosphärentemperatur um 0,7 °C in den letzten 100 Jahren durch treibhausrelevante Gase wie CO_2, FCKW, SO_2, verursacht durch menschliche Tätigkeit.

Nachweisbar ist ein Anstieg des CO_2-Gehalts der Atmosphäre von 290 ppm auf 350 ppm (**p**arts **p**er **m**illion) in den letzten 100 Jahren, verbunden mit einem Anstieg der mittleren Atmosphärentemperatur um ca. 0,6 °C. Gegenmaßnahmen: internationale Vereinbarungen (Kyoto-Abkommen), die besonders die Emission von Kohlenstoffdioxid reglementieren.

Der Gehalt an Schwefeldioxid ist zwischen 1850 und 1990 von 0,2 Mio. t/a auf 3,1 Mio. t/a angestiegen. Allerdings greifen inzwischen administrative Maßnahmen (Rauchgasentschwefelung, Diesel- und Heizölentschwefelung u. a.), sodass der Gehalt der Atmosphäre an Schwefeldioxid derzeit sinkt.

Probleme entstehen auch durch Oxide des Stickstoffs NO_x.

Ozon in der Stratosphäre

Ozon O_3 ist ein natürlicher Bestandteil der Atmosphäre, das in ca. 20–25 km Höhe eine Schicht von 1–1,5 m Dicke bildet. Ozon absorbiert energiereiche UV-Strahlung.

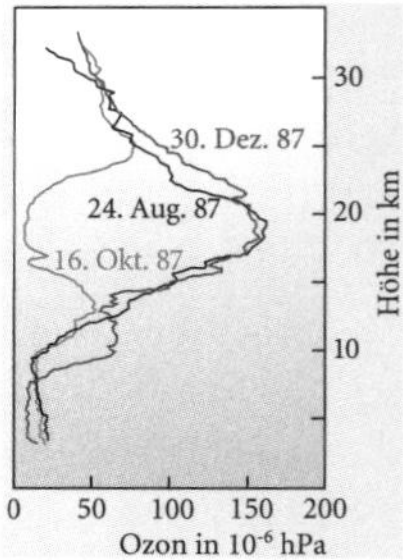

Auf- und Abbau der Ozonschicht über der Antarktis

Erstmals beobachtete man am Südpol eine Abnahme der Ozonkonzentration, die sich im antarktischen Frühjahr periodisch wiederholte und dabei verstärkte **(Ozonloch)**. Als Ursache vermutet man ein Absinken der NO/NO_2-Konzentration im Polarwinter. Chloratome oder Chloroxidmoleküle (ClO) reagieren bei sehr tiefen Temperaturen (< 205 K) z. B. mit Stickstoffdioxid im Winter zu Chlornitrat $ClONO_2$, das auf Tröpfchen adsorbiert sedimentiert (absinkt). Chlor und dessen Verbindungen werden dadurch dem zerstörerischen Ozonzyklus entzogen.

$$ClO(g) + NO_2(g) \rightarrow ClONO_2(l)$$

Wenn im antarktischen Frühjahr die Sonne aufgeht, fotolysieren (zersetzen sich) erneut Chlor und weitere chlorhaltige Verbindungen (z. B. FCKW):

$$CF_2Cl_2(g) \rightleftharpoons \cdot CF_2Cl(g) + Cl\cdot(g)$$

Für das neu gebildete Chlor bzw. die neuen Chlorverbindungen steht kein Stickstoffdioxid NO_2 mehr in ausreichendem Maß zur Verfügung. Chlor und Chloroxid reagieren jetzt mit Ozon, der Abbau beginnt.

$$Cl\cdot(g) + O_3(g) \rightleftharpoons \cdot ClO(g) + O_2(g)$$
$$\cdot ClO(g) + O_3(g) \rightleftharpoons Cl\cdot(g) + O_2(g)$$

Der Nachschub von Stickstoffdioxid oder Kohlenstoffmonooxid wird durch das antarktische Wintertief (**Vortex**) verhindert, das einen Luftaustausch mit stickstoffoxidhaltiger Luft aus niederen Breiten unterbindet. Ozonabbau führt auf der Erdoberfläche zu stärkerer UV-Strahlung, was zur Erhöhung der Hautkrebshäufigkeit führt.

Ozon in der Troposphäre

Vom stratosphärischen Ozonloch ist diejenige Ozonbildung zu unterscheiden, die an sonnenreichen Sommertagen in Verkehrszentren zu beobachten ist.

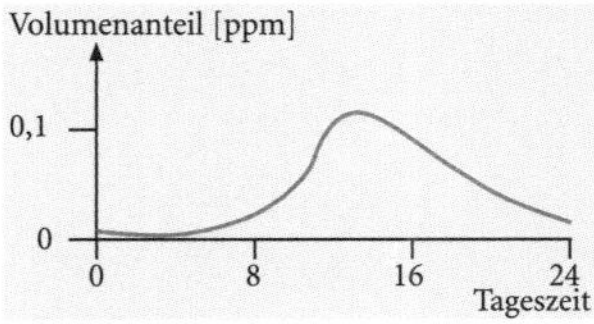

bodennahes Ozon

Ursachen dieser Ozonbildung sind die Stickoxide der Auspuffgase, die bei intensiver Bestrahlung ($\lambda < 420\,\text{nm}$) fotolysieren:

$$\overset{+IV-II}{NO_2}(g) \rightarrow \overset{+II}{NO}(g) + \overset{\pm 0}{O}(g)$$

Atomarer Sauerstoff reagiert in Dreierstößen (M) mit Sauerstoffmolekülen zu Ozon:

$$O_2(g) + O(g) + (M) \rightleftharpoons O_3(g) + (M)$$

Ozon ist als sehr aggressives und starkes Oxidationsmittel ein Atemgift. Der Ausstoß von Stickoxiden kann durch einen Dreiwegekatalysator minimiert werden. Hohe Ozonwerte, fern von Verkehrszentren, sind von Stickstoffdioxid verursacht, das als „lang lebendes" Molekül nachts verdriftet und bei erneuter Sonnenstrahlung am nächsten Tag wieder Ozon liefert:

$$\overset{+IV-II}{NO_2}(g) + \overset{\pm 0}{O_2}(g) \rightarrow \overset{+II-II}{NO}(g) + \overset{\pm 0}{O_3}(g)$$

9

9.2 Die Hydrosphäre

Da Wasser ein sehr gutes Lösemittel ist, sind zahlreiche Gewässer, nicht nur Abwässer, durch gelöste Stoffe verunreinigt. Viele dieser Stoffe können entweder direkt als Gifte auf Wasserorganismen wirken. Oder sie werden, wenn sie fettlöslich sind, im Fettgewebe gespeichert und reichern sich damit in der Nahrungskette an. Durch Versickerung des Oberflächengewässers können leicht lösliche Stoffe auch ins Grundwasser gelangen. Dadurch kann das Trinkwasser erheblich durch Schadstoffe belastet werden, z. B. Nitrate, Pestizide, Phosphate.

Man teilt die Wässer nach ihrem Sättigungsindex in Güteklassen ein. Ist ein Wasser bei 20 °C mit Sauerstoff gesättigt, erhält es den Sättigungsindex 100 %.

Güteklassen des Wassers

Güteklasse	O_2-Sättigungsindex	Grad der Belastung
I	100 %	unbelastet
II	70–80 %	mäßig belastet
III	25–50 %	stark verschmutzt
IV	0–10 %	übermäßig verschmutzt

Chemischer Sauerstoffbedarf

Zur Beurteilung der Gewässergüteklasse bestimmt man den Chemischen Sauerstoffbedarf (CSB). Diese Bestimmung ist ein genormtes Verfahren, das einen Summenparameter ermittelt. Man oxidiert alle gelösten organischen Verbindungen mittels Kaliumdichromat $K_2Cr_2O_7$ in schwefelsaurer Lösung bei 148 °C, wobei Chlorid-Ionen maskiert werden (↑ S. 65). Ag^+-Ionen wirken dabei als Katalysator. Nehmen wir vereinfachend nur Essigsäure als Verunreinigung an, läuft bei der CSB-Bestimmung folgende Reaktion ab:

$$3\ H_3\overset{-III}{C}-\overset{+III}{C}OOH(aq) + 4\ \overset{+VI}{Cr_2}O_7^{2-}(aq) + 32\ H_3O^+(aq)$$

$$\downarrow$$

$$6\ \overset{+IV}{C}O_2(g) + 54\ H_2O(l) + 8\ \overset{+III}{Cr^{3+}}(aq)$$

Den gemessenen Verbrauch an Kaliumdichromat rechnet man in Sauerstoffäquivalente um. Der CSB-Wert gibt diejenige Sauerstoffmenge (in mg l^{-1}) an, die theoretisch dem Verbrauch an Kaliumdichromat entspricht. 1 mg Kaliumdichromat entspricht dabei 0,16 mg (O_2)/l. Übliche CSB-Werte sind z. B.: fließendes Gewässer 10–20 mg l^{-1}, kommunales Abwasser 20–100 mg l^{-1}, nach biologischer Reinigung 300–1 000 mg l^{-1}, Deponiesickerwasser ca. 22 000 mg l^{-1}. 1 Liter Öl kann dabei 1 Million Liter Wasser der Güteklasse I für menschliche Nutzung unbrauchbar machen.

Abwasserbehandlung

Kommunale Abwässer, das sind häusliche und gewerbliche Abwässer, werden in der Regel in Kläranlagen gereinigt (↑ S. 171).

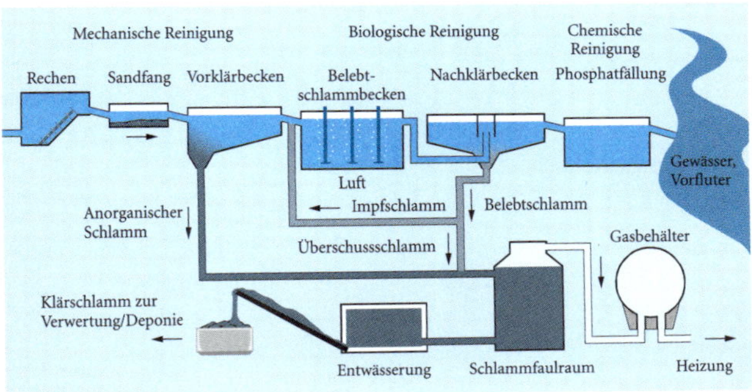

Schema einer Kläranlage

9

Nach mechanischer Vorklärung (Rechen, Sandfang), chemischer Untersuchung und Optimierung (Einstellung des pH-Werts) und Vorklärung (Sedimentation) erfolgt eine mikrobiologische Reinigung durch Bakterien im Belebtschlammbecken. Hier überführen Bakterien (Nitrobacter) Ammoniumsalze und andere Stickstoffverbindungen in Nitrit bzw. Nitrat (**Nitrifikation**):

$$2\,\overset{-III}{N}H_4^+(aq) + 4\,\overset{\pm 0}{O_2}(g) \rightarrow 2\,\overset{+V}{N}\overset{-II}{O_3^-}(aq) + 2\,H_2\overset{-II}{O}(l) + 4\,H^+(aq)$$

Durch Pseudomonas- und Micrococcus-Stämme werden bei der sog. **Denitrifikation** unter Ausschluss von Sauerstoff (anaerob) Nitrat-Ionen zu elementarem Stickstoff reduziert (<H> = enzymatisch übertragener Wasserstoff):

$$2\,NO_3^-(aq) + 12\,\langle H \rangle \rightarrow 6\,H_2O(l) + N_2(g)$$

Nach dem Belebtschlammbecken erfolgen eine Nachklärung und eine chemische Stufe. Letztere dient der Verringerung des Phosphat- und Schwermetallgehalts mittels verschiedener Fällungsreaktionen. Phosphate werden in Form schwerlöslicher Eisen(III)- oder Aluminiumphosphate gefällt und Schwermetalle bei hohen pH-Werten als Hydroxide oder Carbonate. Das gereinigte Wasser wird in den Vorfluter abgegeben.

Der anfallende Klärschlamm besteht aus organischem Material (Eiweiß), das bei Zersetzung hauptsächlich Methan und Kohlenstoffdioxid liefert, was man im Gasometer sammelt. Alternativ wird Klärschlamm auch verbrannt.

Nicht alle im Wasser gelösten Stoffe werden in Kläranlagen abgebaut. So sind z. B. bestimmte Pharmaka wie Antibiotika persistent und können in den Vorfluter gelangen, wo sie eine potenzielle Gefahr für das Trinkwasser darstellen.

9.3 Der Kohlenstoffdioxidkreislauf

Unter dem Kohlenstoffdioxidkreislauf versteht man die zyklische Umsetzung des Kohlenstoffs vom CO_2 der Luft über den Einbau in Verbindungen durch Pflanzen und die Freisetzung von CO_2 durch Atmung von Tieren und Mikroorganismen. Ein Teil des Kohlenstoffs wird über teilweise sehr lange Zeiträume in Gewässern und Ablagerungen (Sedimente, fossile Brennstoffe) zwischengelagert.

Bei der Fotosynthese erzeugen grüne Pflanzen aus CO_2 und H_2O mithilfe des Sonnenlichtes Kohlenhydrate. Ein Teil dieser Kohlenhydrate wird in den Pflanzen als Biomasse eingebaut. Der andere Teil dient dem Energiegewinn, Kohlenstoff wird dabei durch Oxidation als CO_2 an die Atmosphäre zurückgegeben (Veratmung). Abgestorbenes organisches Material wird unter Bildung von CO_2 von Mikroorganismen zersetzt.

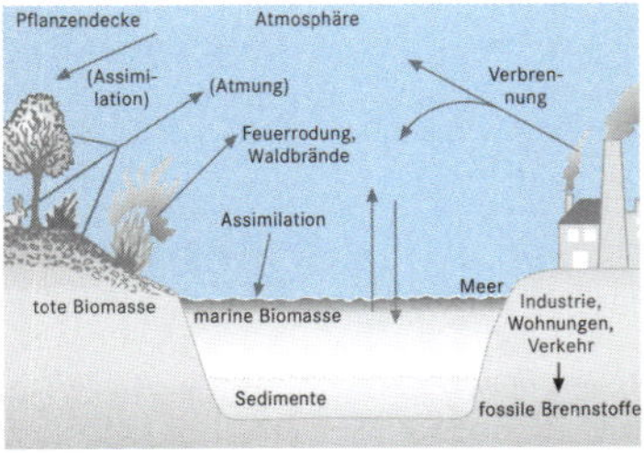

Die gute Löslichkeit von CO_2 in Wasser führt zu einem ständigen CO_2-Austausch zwischen den Ozeanen und der Atmosphäre. Zusätzlich findet ein Kreislauf innerhalb der Ökosysteme des Wassers statt (Kohlensäure-Gleichgewicht).

Seit Beginn der industriellen Entwicklung nimmt der Gehalt an CO_2 in der Atmosphäre durch die Verbrennung fossiler Brennstoffe und die Rodung tropischer Regenwälder ständig zu. Dadurch wird das bestehende Gleichgewicht zwischen den Partnern im Kohlenstoffdioxidkreislauf gestört. Diese Tatsache trägt stark zum Treibhauseffekt bei.

1 Der Prüfungsstoff

Energetik
- Aktivierungsenergie ↑ S. 78
- Katalysator ↑ S. 78
- Satz von Hess ↑ S. 50
- Gibbs-Helmholtz-Gleichung ↑ S. 48
- Wirkung von Enzymen ↑ S. 139

Säuren und Basen
- Brönsted-Konzept ↑ S. 16
- pH-Wert, pK_S-Wert ↑ S. 19, 20
- Ionenprodukt von Wasser ↑ S. 18
- Nomenklatur von Säuren ↑ S. 21
- Puffersysteme ↑ S. 30 f.
- Säure-Base-Titrationen ↑ S. 151–1

Reaktionskinetik
- Reaktionsgeschwindigkeit ↑ S. 8
- RGT-Regel ↑ S. 8
- Reaktionsordnung ↑ S. 8

Atombau
- Atomkern ↑ S. 59
- Isotope ↑ S. 59
- Orbitalmodell ↑ S. 55 f.
- Regel von Hund ↑ S. 57
- Hybridisierung ↑ S. 58

Allgemeine Chemie

Chemisches Gleichgewicht
- Massenwirkungsgesetz ↑ S. 12
- Gleichgewichtskonstanten K_C ↑ S. 1
- Prinzip von Le Chatelier ↑ S. 14 f.
- Löslichkeitsprodukt ↑ S. 26 f.

Redoxvorgänge
- Elektronenübertragung ↑ S. 38
- Oxidationszahlen ↑ S. 111
- galvanisches Element ↑ S. 36
- Nernst-Gleichung ↑ S. 38
- Elektrolyse ↑ S. 45
- Faraday-Gesetz ↑ S. 46

Organische Chemie

Zwischenmolekulare Kräfte
- Van-der-Waals-Kräfte ↑ S. 68
- Dipol-Dipol-Wechselwirkungen ↑ S. 69
- H-Brückenbindungen ↑ S. 68
- Einfluss auf die Struktur der Proteine ↑ S. 137

Makromoleküle
- Kunststoffe ↑ S. 107 f.
- Polymerisation ↑ S. 107 f.
- Polyaddition ↑ S. 109
- Polykondensation ↑ S. 108
- Materialeigenschaften von Kunststoffen ↑ S. 169
- natürliche Polymere (Stärke, Cellulose, Proteine, Nucleinsäuren) ↑ S. 130–14
- Zusammenhang zwischen Struktur und Eigenschaften ↑ S. 131 f., 136 f.

ıemische Bindung
- Atombindungen ↑ S. 61 f.
- Ionenbindungen ↑ S. 67
- Metallbindungen ↑ S. 66
- Mesomerie ↑ S. 84

Analytische Verfahren
- Vorproben und Nachweise ↑ S. 40, 99, 117, 126, 131, 150
- Polarimetrie ↑ S. 128 f.
- Titrimetrie ↑ S. 151–153
- Chromatografie ↑ S. 117
- Fällungsreaktionen ↑ S. 26, 149
- Elementaranalyse ↑ S. 156 f.

Analytik

Farbstoffe

Farbstoffklassen
- Farbstoffe ↑ S. 114–116
- Zusammenhang zwischen Struktur und Farbigkeit ↑ S. 114
- Säure-Base-Indikator ↑ S. 118
- Redoxindikator ↑ S. 153

Was kann drankommen?

Technische Anwendungen

ɔrganische Stoffe
- Kohlenwasserstoffe ↑ S. 74–90
- O-Verbindungen ↑ S. 103, 124–127
- N-Verbindungen ↑ S. 3, 134
- Halogenverbindungen ↑ S. 82, 181

Anorganische Stoffe
- Ammoniaksynthese ↑ S. 172
- Hochofenprozess ↑ S. 177–179
- Herstellung anorganischer Säuren: HNO_3, H_2SO_4, H_3PO_4 ↑ S. 174 f.
- Schmelzflusselektrolyse ↑ S. 176
- Chlor-Alkali-Elektrolyse ↑ S. 173
- Bleiakkumulator ↑ S. 41
- Batterien ↑ S. 43

ʀeaktionstypen
- Substitution ↑ S. 76–93
  - Herstellung von Alkoholen ↑ S. 93
- Addition ↑ S. 80, 96, 101, 106
- Kondensation
  - Veresterung ↑ S. 105 f.
  - Peptidbildung ↑ S. 135
  - Fettsynthese ↑ S. 106
  - Bildung von Mehrfachzuckern ↑ S. 126 f.
- Eliminierung ↑ S. 82

2 Die Klausur

2.1 Inhalt und Aufbau einer Klausur

Die Klausuren und die schriftliche Abiturprüfung im Unterrichtsfach Chemie

- bestehen in der Regel aus mehreren Aufgaben. Eine Aufgabe wiederum kann in **mehrere Teilaufgaben** gegliedert sein. Sie können unabhängig voneinander bearbeitet werden.
- sprechen verschiedene Themenbereiche an: Die Aufgaben können sich auf Texte, Abbildungen, Tabellen, Messreihen oder auch auf Versuchsbeschreibungen beziehen.

Eine Prüfungsaufgabe umfasst i. d. R. Aufgabenstellungen aus **drei Anforderungsbereichen (AFB),** die jedoch nicht immer streng voneinander zu trennen sind. Sie unterscheiden sich hinsichtlich ihres Schwierigkeitsgrads. Der Schwerpunkt der Klausur liegt deutlich im Anforderungsbereich II. Der Anforderungsbereich I ist in höherem Maße vertreten als der Bereich III.

Anforderungsbereiche (AFB)

Anforderungsbereich	Bedeutung	Anteil
AFB I: Reproduktion	Wiedergeben, beschreiben, darstellen	ca. 15 %
AFB II: Reorganisation und Transfer	Selbstständiges Anwenden von Gelerntem in neuen Zusammenhängen	ca. 75 %
AFB III: Reflexion und Problemlösung	Planmäßige Verarbeitung komplexer Gegebenheiten; wesentlich ist die eigene Urteilsfähigkeit	ca. 10 %

2.2 Die Operatoren

Aus den Aufgabestellungen einer Klausur gehen Art und Umfang der geforderten Leistung hervor. Die Aufgaben werden meist mithilfe von Schlüsselwörtern, sog. Operatoren, formuliert. Das sind Arbeitsanweisungen, denen bestimmte Anforderungsbereiche entsprechen. Achten Sie daher auf den genauen Wortlaut dieser Operatoren.

In der folgenden Tabelle sind für das Fach Chemie relevante Operatoren definiert und den Anforderungsbereichen I, II und III zugeordnet. Dabei gilt es zu beachten, dass die konkrete Zuordnung auch vom Kontext der Aufgabenstellung abhängt und eine scharfe Trennung der Anforderungsbereiche nicht immer möglich ist.

Anforderungsbereich I: Reproduktion

Operatoren	Bedeutung
Definieren Sie …	Die Bedeutung eines Begriffs knapp und griffig formulieren
Nennen Sie … *Geben Sie an …*	Sachverhalte, Begriffe oder Daten ohne weitere Erläuterungen und ohne Lösungsweg aufzählen
Benennen Sie … *Beschriften Sie …*	Elemente, Sachverhalte, Begriffe oder Daten ohne weitere Erläuterungen angeben
Beschreiben Sie … *Stellen Sie dar …*	Strukturen, Sachverhalte, Zusammenhänge oder Verfahren in Textform unter Verwendung der Fachsprache wiedergeben
Ordnen Sie … *Ordnen Sie zu …*	Vorliegende Objekte / Sachverhalte mit erläuternden Hinweisen in genannten Sachverhalt einfügen

Anforderungsbereich II: Reorganisation und Transfer

Operatoren	Bedeutung
Analysieren Sie … *Untersuchen Sie …*	Materialien oder Ereignisse / Prozesse unter einem vorgegebenen Blickwinkel erschließen; Untersuchen beinhaltet evtl. zusätzlich praktische Anteile
Berechnen Sie … *Ermitteln Sie …* *Bestimmen Sie …*	Die gesuchte chemische Größe aus einem nachvollziehbaren Rechenansatz gewinnen und anschließend das Resultat formulieren
Begründen Sie …	Sachverhalte auf Regeln, Gesetzmäßigkeiten bzw. kausale Zusammenhänge zurückführen
Formulieren Sie … *Stellen Sie auf …*	Eine Reaktionsgleichung / einen Reaktionsmechanismus notieren
Zeichnen Sie … *Stellen Sie grafisch dar …*	Eine hinreichend exakte, beschriftete Zeichnung anfertigen
Skizzieren Sie …	Die wesentlichen Eigenschaften eines Objekts, eines Sachverhalts oder einer Struktur stark vereinfacht grafisch darstellen
Erklären Sie … *Erläutern Sie …*	Einen Sachverhalt mithilfe eigener Kenntnisse in Textform unter Verwendung der Fachsprache (häufig mit Reaktionsgleichung) anschaulich darstellen
Überprüfen Sie … *Prüfen Sie …*	Sachverhalte oder Aussagen an Fakten oder Logik messen und eventuelle Widersprüche aufdecken

Zeigen Sie … *Weisen Sie nach …*	Eine Aussage oder einen Sachverhalt nach gültigen Schlussregeln, Berechnungen, Herleitungen oder logischen Begründungen bestätigen
Vergleichen Sie … *Stellen Sie gegenüber …*	Unter verschiedenen sachgerechten eigenen Gesichtspunkten Gemeinsamkeiten, Ähnlichkeiten und Unterschiede zwischen Sachverhalten ermitteln und darstellen
Werten Sie aus …	Daten, Einzelergebnisse oder sonstige Sachverhalte zu einer abschließenden Gesamtaussage zusammenführen

Anforderungsbereich III: Reflexion und Problemlösung

Operatoren	Bedeutung
Beurteilen Sie … *Bewerten Sie …*	Thesen oder Behauptungen auf Richtigkeit und Stimmigkeit prüfen. Dazu sollen Sie verschiedene Standpunkte aufführen und ein eigenständiges Urteil unter Verwendung von Fachwissen formulieren und begründen
Diskutieren Sie … *Erörtern Sie …*	Im Zusammenhang mit Sachverhalten, Aussagen oder Thesen Argumente und Beispiele einander gegenüberstellen (meist als Pro-und-Kontra-These) und abwägen
Nehmen Sie Stellung …	Unter Heranziehung ausgewiesener Kriterien die eigene Meinung zu einem Problem argumentativ entwickeln und darlegen

3 Thematische Prüfungsaufgaben

Im folgenden Kapitel sind zu den verschiedenen Unterrichtsthemen Prüfungsaufgaben von unterschiedlichem Schwierigkeitsgrad (↑ S. 190) zusammengestellt. Sie dienen der gezielten Vorbereitung und insbesondere dem Umgang mit fachtypischen Klausurformulierungen, den Operatoren (↑ S. 191).

Seitenverweise geben, sofern möglich, Hinweise zu den Lösungen, die hier nicht dargestellt werden. Vollständige Musterlösungen von Aufgaben sind bei den Online-Klausuren (↑ S. 3) zu finden.

3.1 Prüfungsaufgaben zur allgemeinen Chemie

Anforderungsbereich I

- Definieren Sie den Begriff Reaktionsgeschwindigkeit. Stellen Sie dar, wie sie sich verändern lässt. (↑ S. 8)
- Eine Reaktion habe bei 20 °C eine bestimmte Reaktionsgeschwindigkeit. Stellen Sie dar, mit welchem Faktor sich gemäß der RGT-Regel die Reaktionsgeschwindigkeit vergrößert, wenn man die Reaktion bei 60 °C durchführt.
- Ammoniak wird großtechnisch in einer exothermen Reaktion aus den Elementen hergestellt. Erläutern Sie anhand dieser Reaktion das Prinzip von Le Chatelier. (↑ S. 14)
- Stellen Sie den Einfluss eines Katalysators auf das chemische Gleichgewicht dar. (↑ S. 15)
- Definieren Sie die Begriffe Säure, Base und korrespondierendes Säure-Base-Paar (nach Brönsted) und ordnen Sie diese der folgenden Reaktionsgleichung zu:
  $HClO_3 + H_2O \rightarrow ClO_3^- + H_3O^+$ (↑ S. 16)
- Berechnen Sie unter Angabe der entsprechenden Reaktionsgleichungen die pH-Werte folgender Lösungen mit der Stoffmengenkonzentration $c = 0{,}01 \text{ mol l}^{-1}$: a) Salzsäure, b) Essigsäure, c) Natronlauge. (↑ S. 22 f.)

- Saurer Regen besitzt den pH-Wert 5. Berechnen Sie die zugehörige Oxonium-Ionen-Konzentration. (↑ S. 22)

Anforderungsbereich II

- Eine wichtige Reaktion im Hochofen ist das Boudouard-Gleichgewicht. Stellen Sie hierfür das Massenwirkungsgesetz auf. Erläutern Sie Ihr Vorgehen. (↑ S. 11, 14)
- Bei der exothermen Reaktion von Methan und Schwefelwasserstoff zu Schwefelkohlenstoff und Wasserstoff stellt sich ein Gleichgewicht ein.
  a) Formulieren Sie das Massenwirkungsgesetz für den Gleichgewichtszustand. (↑ S. 12)
  b) Erläutern Sie, wie das Gleichgewicht verlagert wird, wenn 1) die Temperatur erhöht, 2) H_2S zugesetzt, 3) der Druck erhöht, 4) ein Katalysator eingebracht wird. (↑ S. 14 f.)
  c) Stellen Sie den Zusammenhang zwischen K_c und K_p dar.
- Ermitteln Sie den pH-Wert einer Lösung, die aus 50 ml 0,15-molarer Salzsäure und 200 ml einer Lösung aus Essigsäure [c(HAc) = 1 mol l^{-1}] und Natriumacetat [c(NaAc) = 1 mol l^{-1}] hergestellt wurde. (↑ S. 31)
- Leiten Sie das Ionenprodukt des Wassers aus dem Massenwirkungsgesetz ab. (↑ S. 18)
- Das Ionenprodukt des Wassers K_w nimmt mit steigender Temperatur zu. Bei einer Temperatur von 99 °C gilt der Wert $K_w = 74 \cdot 10^{-14}$ $mol^2\ l^{-2}$. Berechnen Sie den zugehörigen pH-Wert.
- Beschreiben Sie die sich abspielenden Vorgänge, wenn in eine gesättigte Zinksulfidlösung mit Zinksulfid-Bodensatz eine größere Stoffportion an löslichem Bleinitrat gegeben wird. Begründen Sie mithilfe von Reaktionsgleichungen. (↑ S. 27)
- Erläutern Sie an einem selbst gewählten Beispiel mit praktischem Bezug Aufbau und Wirkungsweise eines Puffers. Beziehen Sie dabei Reaktionsgleichungen ein. (↑ S. 30 f.)

Anforderungsbereich III

- Folgende Experimente wurden durchführt:
  Experiment A: Eine Calciumchloridlösung wird mit einer Natriumcarbonatlösung versetzt.
  Experiment B: Zum Reaktionsprodukt aus Experiment A wird Salzsäure gegeben.
  Bei Experiment A wird die Bildung eines Niederschlags beobachtet. Welche Beobachtung ist bei Experiment B zu erwarten? Erläutern Sie die Vorgänge in den Lösungen unter Verwendung geeigneter Reaktionsgleichungen. (↑ S. 12, 15, 27)
- Im Handel werden feste saure WC-Reiniger angeboten. Sie enthalten neben Tensiden, Farb- und Duftstoffen vor allem Citronensäure und Natriumhydrogencarbonat. Beim Auflösen in Wasser wird Kohlenstoffdioxid frei.
  a) Stellen Sie die ablaufenden Säure-Base-Reaktionen anhand von Strukturformelgleichungen dar. (↑ S. 16)
  b) Citronensäure wird häufig auch durch das Salz Natriumhydrogensulfat ersetzt. Begründen Sie. Wäre auch das Salz Natriumsulfat ein geeigneter Ersatz für die Citronensäure? Nehmen Sie Stellung.

3.2 Prüfungsaufgaben zur physikalischen Chemie

Anforderungsbereich I

- Definieren Sie den Begriff galvanisches Element. Nennen Sie zwei Anwendungsgebiete galvanischer Zellen. (↑ S. 36)
- Stellen Sie dar, was man unter der elektrochemischen Spannungsreihe versteht. Wie lassen sich die einzelnen Zahlenwerte ermitteln? (↑ S. 35 f.)
- Gegeben sind: Na, Zn, Ag, Au, Al. Nennen Sie die Metalle, die sich in Salzsäure ($c = 1\ \text{mol}\ \text{l}^{-1}$) lösen. Begründen Sie Ihre Wahl und formulieren Sie die Reaktionsgleichungen.

- Beschreiben Sie das Phänomen der Sauerstoffkorrosion beim Eisen ausführlich mithilfe geeigneter Reaktionsgleichungen und Skizzen. (↑ S. 40)
- Nennen Sie zwei Möglichkeiten, Korrosion zu verhindern. (↑ S. 41)
- Definieren Sie den Begriff Lokalelement. Verdeutlichen Sie Ihre Erklärung anhand einer Skizze. (↑ S. 40 f.)
- Geben Sie die Nernst-Gleichung an. (↑ S. 38)
- Erklären Sie mithilfe einer Skizze den Aufbau eines Leclanché-Elements. (↑ S. 42)
- Bringen Sie die Begriffe Elektrolyse und Faraday-Gesetz in einen Zusammenhang. (↑ S. 45 f.)

Anforderungsbereich II

- Gegeben sind die folgenden beiden Halbzellen:
  Cu | Cu^{2+}: Eine Kupferelektrode taucht in eine 0,05-molare Kupfersulfatlösung ein.
  Ag | Ag^{+}: Eine Silberelektrode taucht in eine gesättigte Silberchloridlösung ein.
  a) Berechnen Sie die Potenziale der beiden Halbzellen und das Potenzial eines galvanischen Elements aus diesen beiden Halbzellen. (↑ S. 39)
  b) Erstellen Sie eine beschriftete Skizze dieser galvanischen Zelle. Markieren Sie auch die Richtung des Stromflusses.
- Berechnen Sie die Spannung der folgenden Zelle:
  Ni | Ni^{2+} (0,01 mol l^{-1}) || Cl^{-} (0,2 mol l^{-1}) | Cl$_2$ (101,3 kPa) | Pt
- Zwei Silberelektroden sind zu einem galvanischen Element geschaltet. Eine Elektrode taucht in eine gesättigte Silberchloridlösung, die andere in eine gesättigte Silbersulfidlösung. Berechnen Sie die Spannung der Zelle. (↑ S. 24, 39)
- Eine galvanische Zelle besteht aus Sn/Sn^{2+} ($E(0)$ = – 0,136 V) und Pb/Pb^{2+} ($E(0)$ = – 0,126 V).
  a) Welche Halbzelle enthält die Anode, welche die Kathode?

b) Wie groß ist die Spannung der Zelle unter Standardbedingungen?
c) Wie groß sind die Konzentrationen $c(Sn^{2+})$ und $c(Pb^{2+})$, wenn die galvanische Zelle keinen Strom mehr liefert?

(Anmerkung: Beide Halbzellen besitzen gleiche Volumina.)

- Beschreiben Sie die Wirkungsweise eines Bleiakkumulators unter Angabe der Elektrodenreaktionen beim Laden und Entladen. Geben Sie auch die Gesamtreaktionsgleichung an und beschreiben Sie qualitativ den Einfluss der Schwefelsäure auf die Zellspannung *U*. (↑ S. 42 f.)
- Silber hat den Nachteil, dass es nach einiger Zeit „beschlägt". Zum Reinigen von Silberbesteck gibt es die folgende Anleitung: „Eine Schüssel mit Alufolie am Boden auskleiden, Besteck auf die Folie legen, Schüssel mit Wasser (das eine Prise Salz enthält) füllen, sodass das Besteck vollständig bedeckt ist, und einige Zeit warten." Erläutern Sie den chemischen Hintergrund dieser Reinigung (Reaktionsgleichungen, Skizze).
- Durch Hagelschlag hat ein Eisenblechdach Löcher bekommen. Es wird repariert, indem die Löcher mit Kupferblech verschlossen werden. Was halten Sie von dieser Reparaturmaßnahme? Diskutieren Sie ausführlich mithilfe geeigneter Skizzen und Reaktionsgleichungen. (↑ S. 40)
- Manche Metalle werden durch Elektrolyse wässriger Lösungen, andere durch Schmelzflusselektrolyse gewonnen. Erläutern Sie. Geben Sie für jeden Fall ein konkretes Beispiel mit Reaktionsgleichungen an. (↑ S. 46, 176)
- Silberoxid-Zink-Batterien sind Primärzellen, die in Form von Knopfzellen im Handel sind. Eine solche Batterie liefert 12 Stunden ohne Unterbrechung die gleiche konstante Spannung von 5 V. Berechnen Sie nachvollziehbar, wie viel Gramm Zink die Anode dabei verliert.
- Erläutern Sie ausführlich an einem Beispiel Ihrer Wahl die Aussage und Bedeutung des Satzes von Hess. (↑ S. 50)

- Bei der Elektrolyse einer Salzlösung aus dreiwertigen Metall-Ionen und Chlorid-Ionen werden an der Anode 150,5 ml Chlorgas aufgefangen, die Kathode wird um 0,250 g schwerer. Berechnen Sie nachvollziehbar, welche Salzlösung elektrolysiert wurde. (↑ S. 46)
- Gegeben ist die Reaktion $NO_2 + CO \rightarrow NO + CO_2$
  Die Aktivierungsenergie beträgt 132,2 kJ mol^{-1},
  $H_{vor} = 443$ kJ mol^{-1}, $H_{nach} = 216{,}6$ kJ mol^{-1}.
  a) Zeichnen und beschriften Sie das Enthalpiediagramm dieser Reaktion und berechnen Sie ΔH. (↑ S. 47 f.)
  b) Zeichnen Sie in das Enthalpiediagramm den Verlauf der Reaktion bei Einsatz eines Katalysators ein und geben Sie begründet an, ob sich ΔH durch den Einsatz eines Katalysators verändert. (↑ S. 78)
- Für den Lösungsvorgang von NaCl in Wasser lässt sich folgender energetischer Zusammenhang finden:
  $\Delta G = 3{,}6 \text{ kJ} - 293 \text{ K} \cdot 0{,}0346 \text{ kJ K}^{-1}$.
  a) Berechnen Sie ΔG. Notieren und benennen Sie die allgemeine Gleichung zur Berechnung von ΔG. (↑ S. 48)
  b) Die Reaktion muss in einem isolierten System ablaufen, um ΔG berechnen zu können. Begründen Sie.
  c) Erläutern Sie die Konsequenzen für ein System, wenn gilt: $\Delta G = 0$. (↑ S. 49)
  d) Erklären Sie allgemein den Zusammenhang bzw. Unterschied zwischen ΔH und ΔG.

Anforderungsbereich III

- Begründen Sie die folgende Aussage anhand einer Formel: „Bei sehr tiefen Temperaturen laufen nur exotherme Reaktionen freiwillig ab.“ (↑ S. 48)
- Überprüfen Sie die folgende Aussage:
  „Die oxidierende Wirkung von MnO_4^- ist im stark Sauren am stärksten und lässt mit steigendem pH-Wert nach.“
  Welchen pH-Wert darf die Lösung höchstens haben, wenn

bei $c(MnO_4^-)$ = 0,1 mol l^{-1} und $c(Mn^{2+})$ = 0,001 mol l^{-1} aus einer NaCl-Lösung (c = 1 mol l^{-1}) Chlor entwickelt werden soll?
(Angabe: MnO_4^-/Mn^{2+}: $E(0)$ = 1,5 V)

- Eine Elektrode bei der elektrolytischen Kupferraffination besteht aus Elektrodenplatten aus Rohkupfer. Als zweite Elektrode werden beispielsweise Bleche aus Reinkupfer verwendet. Die Elektroden tauchen in eine angesäuerte Kupfersulfatlösung. Die Elektrolyse erfolgt in großen Elektrolysierwannen; die Spannung beträgt 0,2 V.
  a) Stellen Sie den Ablauf an einer beschrifteten Skizze dar.
  b) Formulieren Sie die Teilreaktionen, die an Anode und Kathode ablaufen.
  c) Berechnen Sie den Energiebedarf für die Herstellung von einer Tonne Reinkupfer.
  d) Die Nachfrage nach Kupfer auf dem Weltmarkt steigt ständig. Nennen Sie Anwendungsgebiete. Nehmen Sie kritisch Stellung.

3.3 Prüfungsaufgaben zu Atombau und chemischer Bindung

Anforderungsbereich I

- Erklären Sie den Begriff Isotop. (↑ S. 59)
  Das Element Silber besteht aus 2 Isotopen mit den Atommassen 106,91 u und 108,91 u. Die mittlere Atommasse beträgt 107,87 u. Bestimmen Sie das Verhältnis der beiden Isotope.
- Geben Sie die Elektronenkonfiguration der folgenden Elemente bzw. Ionen in der Kästchenschreibweise und in der Kurzschreibweise an: S, Ni, Al^{3+}. (↑ S. 57, 64)
- Zeichnen und benennen Sie die besetzten Orbitale der äußersten Hauptschale von Chlor. (↑ S. 54 f.)

- Stellen Sie anschaulich die Bedeutung der Begriffe Haupt-, Neben-, Magnet- und Spinquantenzahl dar. (↑ S. 53 f.)
- Bestimmen Sie die Anzahl an Elektronen, die maximal in der 5. Hauptschale sitzen können. (↑ S. 54)
- Beschreiben Sie die folgenden Regeln für die Elektronenverteilung: Energieprinzip, Regel von Hund, Pauli-Prinzip. (↑ S. 55 f.)
- Ordnen Sie folgende Elektronen nach steigendem Energieniveau: 3d-, 2p-, 1s-, 3s-, 4f-, 4p- und 6s-Elektronen. (↑ S. 64)
- Begründen Sie, warum eine Elektronenhülle mit der Besetzung $1s^2\ 2s^2\ 2p^4\ 3s^1$ nicht möglich ist.
- Nennen Sie die Elemente, welche die folgende Elektronenkonfiguration besitzen (↑ S. 64):
  [Ar] $4s^2\ 3d^{10}\ 4p^3$,
  [Xe] $6s^2\ 4f^2$.

Anforderungsbereich II

- Erklären Sie, wie man anhand der Orbitalbesetzung eines Elements erkennt, ob es sich um ein Haupt- oder ein Nebengruppenelement handelt. (↑ S. 64 f.)
- Erläutern Sie ausführlich die „Ordnung", die dem PSE zugrunde liegt. Gehen Sie dabei begründet auf Gemeinsamkeiten innerhalb einer Gruppe bzw. innerhalb einer Periode ein. (↑ S. 70 f.)
- Ordnen Sie folgende Elemente nach steigenden Atomradien und begründen Sie die Anordnung: Ca, Br, Se, Ga.
- Betrachtet werden die Elemente Aluminium und Cobalt.
  a) Geben Sie jeweils die Elektronenkonfiguration in Kästchenschreibweise an. (↑ S. 64)
  b) Bestimmen Sie die Quantenzahlen des jeweils letzten Elektrons bei der Belegung. (↑ S. 54)
- Erläutern Sie die Bindungsverhältnisse im Ethenmolekül auf der Grundlage des Orbitalmodells. Benutzen Sie die

Kästchenschreibweise. Erstellen Sie eine beschriftete Skizze. (↑ S. 58, 79)

- Gegeben sind folgende Moleküle:
  A: PCl_3 B: BCl_3 C: HCN D: CCl_4
  a) Geben Sie die Strukturformeln dieser Moleküle an.
  b) Beschreiben Sie den räumlichen Bau schlagwortartig.
  c) Liegen in den Verbindungen A, B, C und D polare oder unpolare Bindungen vor? Geben Sie gegebenenfalls die Partialladungen an. (↑ S. 62, 68)
  d) Begründen Sie, welche der angegebenen Moleküle A, B, C und D Dipoleigenschaften zeigen und welche nicht.
- Die Strukturformel zeigt das Natriumsalz der Salicylsäure, ein Zwischenprodukt in der Herstellung von Acetylsalicylsäure. Geben Sie, falls vorhanden, die Stellen in der Strukturformel an, an denen sich
  a) eine stark polare Atombindung,
  b) eine unpolare Atombindung,
  c) ein sp-hybridisiertes Atom,
  d) ein sp^2-hybridisiertes Atom,
  e) ein sp^3-hybridisiertes Atom oder
  f) eine Ionenbindung befindet. (↑ S. 58, 61 f., 67)

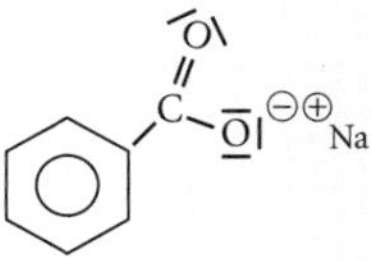

- Nennen Sie die möglichen Kräfte, die zwischen Molekülen auftreten können. Beschreiben Sie das Zustandekommen dieser Wechselwirkungen an Beispielen. (↑ S. 68 f.)
- Richtig oder falsch? Markieren Sie alle falschen Aussagen und stellen Sie richtig.
  a) Ist ein Molekül ein Dipol, dann besitzt es auch polare Bindungen.
  b) Sind in einem Molekül polare Bindungen vorhanden, dann ist das Molekül auch ein Dipol.
  c) In einer Verbindung muss von jedem Bindungspartner die Oktettregel erfüllt werden.
  d) Alle Moleküle, die Wasserstoff enthalten, bilden H-Brücken aus.

- Wie lässt sich a) experimentell feststellen, b) theoretisch herleiten, ob das Wassermolekül linear oder gewinkelt gebaut ist? Erläutern Sie.
- Metalle sind typischerweise leicht verformbar, Nichtmetalle leicht spaltbar und spröde. Begründen Sie dies. (↑ S. 66 f.)

Anforderungsbereich III

- Ordnen Sie begründet nach steigender Siedetemperatur: Sauerstoff, Schwefelwasserstoff, Wasser, Kaliumchlorid, Calciumchlorid.
- Erläutern Sie, weshalb die Siedetemperatur des Wassers deutlich höher liegt als die des Fluorwasserstoffs, obwohl beide Verbindungen annähernd gleiche Molekülmassen besitzen und Fluor der elektronegativere Bindungspartner ist.
- Beschreiben Sie das Zustandekommen der Bindung im Sauerstoffmolekül mit dem Molekülorbitalmodell. Erstellen Sie dazu das passende MO-Schema.
- He_2-Moleküle sind nicht stabil. Erläutern Sie dies unter Berücksichtigung Ihrer Kenntnisse zu Molekülorbitalen.

3.4 Prüfungsaufgaben zur organischen Chemie

Anforderungsbereich I

- Definieren Sie den Begriff ungesättigter Kohlenwasserstoff. Nennen Sie eine Möglichkeit, wie sich der ungesättigte Charakter nachweisen lässt. Formulieren Sie für diese Möglichkeit die Reaktionsgleichungen. (↑ S. 79 f.)
- Definieren Sie den Begriff Isomerie. Zeichnen Sie die Strukturformeln der isomeren Pentene und benennen Sie diese Verbindungen. (↑ S. 75, 80)
- Erklären Sie folgende Begriffe an jeweils einem Beispiel:
  a) homologe Reihe (↑ S. 103), b) induktiver Effekt (↑ S. 105), c) *cis-trans*-Isomerie (↑ S. 80), d) Mesomerie (↑ S. 84).

- Definieren Sie die folgenden Reaktionstypen und geben Sie jeweils für ein Beispiel Ihrer Wahl die Reaktionsgleichung in Strukturformelschreibweise an:
  a) Additionsreaktion (↑ S. 80), b) Eliminierungsreaktion (↑ S. 82), c) Kondensationsreaktion (↑ S. 108).
- Gegeben ist die Verbindung 3-Ethylhexan-2-ol.
  a) Nennen Sie die zugehörige Stoffklasse. (↑ S. 91)
  b) Geben Sie die exakte Strukturformel dieser Verbindung an. Kennzeichnen Sie dabei die primären, sekundären und tertiären C-Atome. (↑ S. 91, 94)
  c) Bestimmen Sie die molare Masse dieser Verbindung. (↑ S. 6)
- Erklären Sie den Unterschied zwischen einem sekundären und einem zweiwertigen Alkohol. Geben Sie jeweils ein Beispiel (Name und Strukturformel) an. (↑ S. 94)
- Was versteht man unter einer funktionellen Gruppe. Geben Sie vier Beispiele für funktionelle Gruppen (Name und Strukturformel) an. (↑ S. 73)

Anforderungsbereich II

- Bisphenol A stellt einen wichtigen Grundstoff bei der Herstellung von Zweikomponentenklebern dar.

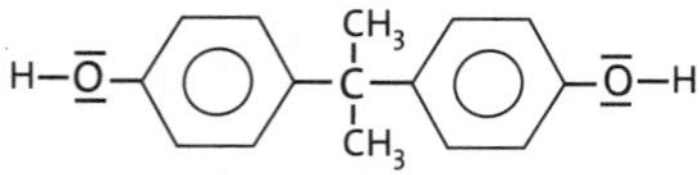

  Geben Sie den Hybridisierungszustand der einzelnen C-Atome an. Erklären Sie, inwieweit die einzelnen Atomkerne in gemeinsamen Ebenen liegen. (↑ S. 74)
- Es gibt verschiedene Typen von Substitutionsreaktionen, die sich prinzipiell im zugrunde liegenden Reaktionsmechanismus unterscheiden. Nennen Sie diese verschiedenen Typen und formulieren Sie jeweils ein Beispiel in Strukturformelschreibweise. (↑ S. 76, 88, 93)

- Gegeben sind die Verbindungen Essigsäure, *n*-Butan und Propan-1-ol; alle besitzen ungefähr die gleiche Molekülmasse. Trotzdem unterscheiden sich die Siedepunkte deutlich. Ordnen Sie die Verbindungen nach steigendem Siedepunkt und begründen Sie. (↑ S. 68 f.)
- Beschreiben Sie die Struktur des Benzolmoleküls. Erklären Sie das Zustandekommen der Bindungen im Benzol unter Zuhilfenahme des Orbitalmodells und von Fachbegriffen. Fertigen Sie dazu eine Skizze an. (↑ S. 86 f.)
- Formulieren Sie den Reaktionsmechanismus für die Nitrierung von Benzol. (↑ S. 88 f.)
- Dichromat-Ionen oxidieren Butan-2-ol in saurer Lösung, dabei entstehen u. a. Cr^{3+}-Ionen.
  a) Stellen Sie die Reaktionsgleichung in Strukturformelschreibweise auf. (↑ S. 101)
  b) Beweisen Sie den Redoxcharakter dieser Reaktion mittels Oxidationszahlen. (↑ S. 111)
- Gegeben sind die folgenden Verbindungen:

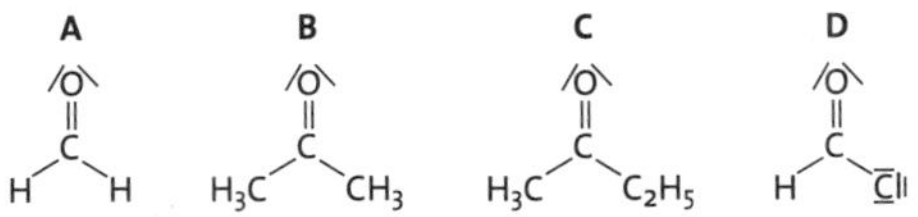

  a) Benennen Sie die Verbindungen A, B, C und D mit systematischem Namen und geben Sie die jeweilige Stoffklasse an. (↑ S. 73)
  b) Die Verbindungen A, B, C und D reagieren mit Wasser. Dabei stellt sich ein Gleichgewicht ein.
     i) Formulieren Sie für die Reaktion von Verbindung A mit Wasser das Massenwirkungsgesetz. (↑ S. 12)
     ii) Für die Verbindungen A bis D werden bei der Reaktion mit Wasser unterschiedliche Reaktivitäten festgestellt. Ordnen Sie die Stoffe nach steigender Reaktivität und begründen Sie die Reihenfolge ausführlich.

iii) Verbindung D reagiert in einer säurekatalysierten Reaktion mit Wasser. Benennen Sie den Reaktionsmechanismus und formulieren Sie die einzelnen Schritte in Strukturformelschreibweise. (↑ S. 105)

- Milchsäure (2-Hydroxypropansäure) kann auf zwei verschiedene Arten verestert werden. Formulieren Sie jeweils für ein geeignetes Beispiel die Reaktionsgleichung (mit Strukturformeln) und benennen Sie alle beteiligten Reaktionspartner. (↑ S. 105)

Anforderungsbereich III

- In verschiedenen unbeschrifteten Reagenzgläsern befinden sich folgende farblose Flüssigkeiten, die identifiziert werden sollen:
  A: Hex-1-en B: Butan-1-ol C: Butanal
  D: 2-Methylbutan-2-ol E: *n*-Hexan F: Propansäure
  Schlagen Sie eine Versuchsreihe mit geeigneten chemischen Reaktionen vor, anhand derer obige Flüssigkeiten identifiziert werden können. Beziehen Sie in Ihre Dokumentation die Reaktionsgleichungen ein. (↑ S. 150)
- Formulieren Sie Reaktionsgleichungen, nach denen Ethanol (in einem oder mehreren Reaktionsschritten) zu den folgenden Verbindungen umgesetzt werden kann: a) Ethanal, b) Diethylether, c) Ethan, d) Essigsäure, e) Bromethan, f) Kohlenstoffdioxid. Benennen Sie den jeweils zugrunde liegenden Reaktionstyp.
- Ein für den diätetischen Einsatz hergestelltes Spezialfett besteht hauptsächlich aus dem folgenden Triglycerid: Dilinolsäure-ölsäure-glycerintriester.
  a) Notieren Sie die Strukturformel des Fettes. (↑ S. 106)
  b) „Fette sind gesund." Nehmen Sie zu dieser Aussage Stellung. Beziehen Sie dabei auch den Umgang mit fetthaltigen Lebensmitteln ein.

3.5 Prüfungsaufgaben zu Farbstoffen und Indikatoren

Anforderungsbereich I

- Definieren Sie den Begriff Indikator. (↑ S. 113)
- Bromphenolblau ist ein pH-Indikator. Im pH-Bereich von 3,0 bis 4,6 erfolgt sein Umschlag von Gelb nach Purpur. Erklären Sie den Farbwechsel mithilfe einer allgemeinen Reaktionsgleichung. (↑ S. 118 f.)
- Rotkohl ist eine Kohlsorte, die nach der Zubereitung zu Gemüse je nach Region auch Rotkraut oder Blaukraut genannt wird. Erklären Sie die verschiedenen Namen.

Anforderungsbereich II

- Erläutern Sie, warum Naphtholorange Licht im sichtbaren Bereich absorbiert. (↑ S. 114)
- Als erster synthetischer Farbstoff gilt die Pikrinsäure. Erläutern Sie den Mechanismus der Reaktion von Salpetersäure und Phenol zu Pikrinsäure. Wie ist das Auftreten des 2,4,6-Derivates als Hauptprodukt zu erklären? (↑ S. 90)

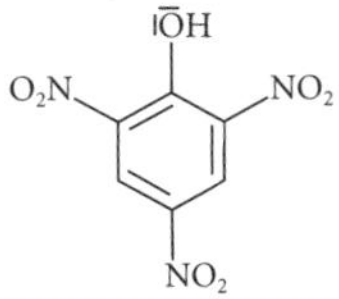

- Erklären Sie die Zusammenhänge zwischen Farbigkeit und Molekülstruktur an konkreten Beispielen Ihrer Wahl. (↑ S. 114)

Anforderungsbereich III

- Ein häufig benutzter pH-Indikator ist der Azofarbstoff Methylorange. Methylorange lässt sich aus Sulfanilsäure und *N*,*N*-Dimethylanilin herstellen.
  a) Stellen Sie die Reaktionsgleichung in Strukturformelschreibweise auf.
  b) Erläutern Sie die Bedingungen, unter denen die Synthese von Methylorange erfolgen könnte.

- Vergleichen Sie die Farbigkeit folgender Verbindungen: Benzol (farblos), Nitrobenzol (schwach gelb), *p*-Nitroanilin (orange) und Nitrocyclohexan (farblos). Erläutern Sie das Auftreten unterschiedlicher Farbigkeit unter Verwendung geeigneter Strukturformeln.

3.6 Prüfungsaufgaben zur Biochemie

Anforderungsbereich I

- Was versteht man unter einem Kohlenhydrat. Erklären Sie am Beispiel der Glucose. (↑ S. 124)
- Freier Fruchtzucker kommt häufig auch als β-D-Fructopyranose vor. Stellen Sie die Strukturformel in der Haworth-Schreibweise und als Konformationsformel dar. (↑ S. 125)
- Geben Sie zu α-D-Galactopyranose
  a) eine isomere Aldose,
  b) ein Anomer

  mit Namen und Strukturformel an. (↑ S. 75, 124, 129)
- Eine Verbindung besitze sechs asymmetrische C-Atome. Wie viele Stereoisomere gibt es davon? (↑ S. 128)
- Erklären Sie den Begriff der Mutarotation. Unter welchen Bedingungen tritt sie auf. Ist diese Erscheinung auch bei Fructose, Maltose und Saccharose zu erwarten?
- Definieren Sie den Begriff α-Aminosäure. (↑ S. 104)
- Erklären Sie kurz (anhand einer Skizze) was man unter der Tertiärstruktur der Proteine versteht. (↑ S. 136)
- Erklären Sie den Begriff der Denaturierung von Proteinen. Nennen Sie zwei Faktoren, die eine Denaturierung hervorrufen können. Erläutern Sie für einen der Faktoren genau (anhand von Strukturformelausschnitten), warum Denaturierung eintritt.
- Beim Ansäuern von Milch fällt ein Niederschlag aus. Erklären Sie diesen Vorgang.

Anforderungsbereich II

- Begründen Sie die folgende Aussage aus der Zuckerchemie: „Besonders die Hydroxylgruppe am halbacetalischen Kohlenstoff-Atom zeichnet sich durch eine erhöhte Reaktionsfähigkeit aus."
- Zeigen Sie an einem beliebigen Monosaccharid den Reaktionsmechanismus der Ringbildung in Strukturformeln (Haworth-Schreibweise). Beschreiben Sie kurz die einzelnen Schritte im Mechanismus. Benennen Sie den Reaktionsmechanismus. (↑ S. 125)
- Erläutern Sie ausführlich den Zusammenhang zwischen Struktur und Eigenschaften eines Proteins. (↑ S. 136 f.)
- Aminosäuren zeigen typische Eigenschaften: Sie sind gut löslich in polaren Lösungsmitteln wie Wasser und schlecht löslich in unpolaren. Sie besitzen im Vergleich zu den normalen Carbonsäuren relativ hohe Schmelztemperaturen. Die meisten zersetzen sich beim Schmelzen.
  Erläutern Sie unter Verwendung der Strukturformel einer selbst gewählten Aminosäure diese Eigenschaften.
- 5-Hydroxypentanal geht eine intramolekulare Halbacetalbildung ein. Im 2. Schritt reagiert das entstandene Molekül mit Ethanol zu einem Vollacetal. Stellen Sie für beide Schritte die Reaktionsgleichung auf und benennen Sie den jeweils zugehörigen Reaktionsmechanismus.
- Die Reduktion von D-Glucose ergibt D-Sorbit, der auch in der Natur (beispielsweise im Seetang) vorkommt. D-Sorbit wird im industriellen Maßstab durch katalytische Hydrierung von D-Glucose unter Verwendung eines Nickel-Katalysator hergestellt.
  a) Was versteht man unter einem Katalysator. Stellen Sie seine Wirkung in einer Zeichnung dar. (↑ S. 78)
  b) Formulieren Sie für die beschriebene Reaktion die Strukturformelgleichung. Gehen Sie dabei von der offenkettigen Form der Glucose aus.

c) Nennen Sie zwei weitere Monosaccharide, die sich durch katalytische Hydrierung in D-Sorbit umwandeln lassen.

- Im Folgenden sind die Strukturformeln eines Trisaccharids A und eines Disaccharids B dargestellt.

A B

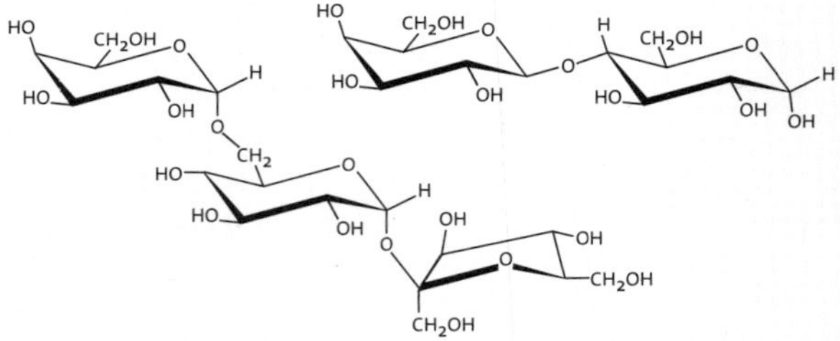

a) Benennen Sie die Verbindungen A und B mit ihren systematischen Namen.

b) Geben Sie jeweils die Namen und Strukturformeln der Hydrolyseprodukte von A bzw. B an.

c) Stellen Sie begründet das Verhalten der Verbindungen A und B gegenüber einer Fehling-Lösung dar. Verfahren Sie mit dem Hydrolysat analog. (↑ S. 99, 130)

- Beurteilen Sie die Richtigkeit der folgenden Aussage: „Konstruiert man zu einem beliebigen Molekül dessen Spiegelbild, so erhält man immer das zugehörige Enantiomer."
- Gegeben sind die Aminosäuren Glycin, Serin und Alanin.

a) Geben Sie jeweils die Strukturformel der Aminosäuren an und benennen Sie diese mit ihrem vollständigen systematischen Namen. (↑ S. 134)

b) Aus den drei Aminosäuren soll das Tripeptid Gly-Ser-Ala aufgebaut werden. Stellen Sie die Strukturformelgleichung auf. Kennzeichnen Sie die wichtigsten Strukturmerkmale. (↑ S. 134 f.)

c) Zwischen Peptidmolekülen können starke zwischenmolekulare Kräfte auftreten. Erläutern Sie, welche Kräfte zwischen den in b) genannten Tripeptid-Molekülen auftreten. (↑ S. 137)

- Erläutern Sie anhand eines Beispiels Wirkungsweise und Substratspezifität von enzymatischen Reaktionen. (↑ S. 139 f.)
- Cellobiose und Maltose sind Disaccharide, die beide in saurer Lösung zu zwei Molekülen Glucose hydrolysieren.
  a) Der systematische Name der β-Cellobiose lautet: β-D-Glucopyranosyl-β-D-glucopyranose. Zeichnen Sie das Molekül in der Haworth-Projektion. (↑ S. 127)
  b) Das Enzym Maltase spaltet den Doppelzucker Maltose, nicht jedoch die Cellobiose in die Glucose-Bausteine. Erläutern Sie mithilfe kleiner schematischer Skizzen und geeigneter Fachausdrücke. (↑ S. 141)

Anforderungsbereich III

- Im Labor hat sich von einem Behälter die Beschriftung gelöst. Er enthält Glucose, Fructose oder Saccharose. Zum eindeutigen Nachweis von Glucose wird nun folgender Versuch durchgeführt:
  Kupfersulfat und ammoniakalische Natrium-Kalium-Tartrat-Lösung werden zu gleichen Teilen gemischt. Zu 2 ml bis 3 ml dieser Mischung wird in ein Reagenzglas 1 ml der zu untersuchenden Lösung gegeben.
  Ist dieser Versuch nach Ihrer Meinung zur eindeutigen Zuordnung bzw. zum Ausschluss von Glucose geeignet? Nehmen Sie begründet Stellung unter Einbeziehung von Reaktionsgleichungen und Strukturformeln. Schlagen Sie gegebenenfalls eine Alternative vor.
- Die folgenden beiden Verbindungen werden in Wasser gelöst:
  Lösung A: α-D-Glucopyranose
  Lösung B: Methyl-α-D-Glucopyranosid

Beide Lösungen werden in einem Polarimeter untersucht. Zu Beginn werden folgende Drehwinkel gemessen:

Lösung A: $[\alpha]_D^{25\,°C} = 112°$
Lösung B: $[\alpha]_D^{25\,°C} = 158°$

Wie ändern sich die jeweiligen Drehwinkel im Verlauf der Zeit? Stellen Sie eine Vermutung auf und stellen Sie diese in einem Diagramm (Drehwinkel über Zeit) dar. Begründen Sie Ihre Aussage ausführlich anhand geeigneter Strukturformeln und Reaktionsgleichungen. (↑ S. 129)

- Eine Substanzprobe enthält eine Mischung aus den Aminosäuren Glycin, Serin und Alanin. Die Aminosäuren sollen voneinander getrennt werden. Schlagen Sie ein geeignetes Verfahren vor. Erläutern Sie Ihre Auswahl ausführlich.

3.7 Prüfungsaufgaben zur analytischen Chemie

Anforderungsbereich I

- Erklären Sie die Begriffe qualitative bzw. quantitative Analyse. (↑ S. 148)
- Erklären Sie das Prinzip des chromatografischen Trennens an einem Beispiel Ihrer Wahl. (↑ S. 117)
- Formulieren Sie die Gleichungen für alle Fällungsreaktionen, die ablaufen können, wenn man Sulfid-Ionen zu einer Lösung gibt, die Zink-Ionen, Silber-Ionen, Quecksilber-Ionen und Blei(II)-Ionen enthält. Geben Sie die Reihenfolge an, in der die entsprechenden Salze ausfallen. (↑ S. 27; 150 f.)

Anforderungsbereich II

- Eine salzsaure wässrige Lösung enthalte Ni^{2+}- und Pb^{2+}-Ionen. Beim Einleiten von H_2S fällt nur eines der beiden Ionen als Sulfid aus.
  a) Benennen Sie das Sulfid, aus dem der Niederschlag besteht. (↑ S. 151)

b) Erklären Sie die Grundlage der Trennmethode. (↑ S. 150)
c) Nach dem Abtrennen des gefällten Sulfids wird das H_2S-haltige Filtrat bis zur deutlich alkalischen Reaktion mit Ammoniak versetzt. Beschreiben und erläutern Sie die dabei möglichen Beobachtungen.

- Ein Gemisch von $MgCl_2$ und $AlCl_3$ wird in Wasser gelöst.
  a) Reagiert die Lösung sauer, neutral oder basisch? Begründen Sie Ihre Aussage.
  b) Aus obiger Lösung sollen entweder nur die Mg^{2+}-Ionen oder nur die Al^{3+}-Ionen als Hydroxid ausgefällt werden. Wie gehen Sie vor? Erläutern Sie die chemischen Grundlagen eines möglichen Trennverfahrens.
- Die Elementaranalyse einer Verbindung, die nur aus Phosphor, Sauerstoff und Wasserstoff besteht, ergab folgende Gehalte an Wasserstoff und Phosphor: 2,5 Gewichtsprozent Wasserstoff und 38,3 Gewichtsprozent Phosphor. Für die Verbindung wurde eine molare Masse von 162 g ermittelt.
  a) Bestimmen Sie die empirische Formel. Beschreiben Sie kurz die Vorgänge bei einer Elementaranalyse. (↑ S. 156 f.)
  b) Welche Strukturformel schlagen Sie vor? Skizzieren Sie unter Einbeziehen der Bindungstheorie Ihren Vorschlag.

Anforderungsbereich III

- Bei der Titration von 25 ml der schwachen Säure HX mit 0,25-molarer Natronlauge stellt sich nach Zugabe von 5 ml Maßlösung ein pH-Wert von 4,5 ein. Der Äquivalenzpunkt wird nach Zugabe von 34,5 ml Natronlauge erreicht. Erstellen Sie eine Skizze der Titrationskurve. Berechnen Sie den K_s-Wert der Säure. Geben Sie geeignete Indikatoren an. (↑ S. 151 f.)
- Die Titration nach Mohr ist eine Methode zur quantitativen Bestimmung von Chlorid-Ionen. Die Chlorid-Ionen-Lö-

sung wird mit einer Silbernitratmaßlösung titriert, wobei sich ein Silberchloridniederschlag bildet. Als Redoxindikator wird Kaliumchromat verwendet. Am Äquivalenzpunkt sind die Silber-Ionen-Konzentration und die Chlorid-Ionen-Konzentration gleich groß. Steigt die Silber-Ionen-Konzentration weiter an, bildet sich ein rotbrauner Niederschlag von Silberchromat Ag_2CrO_4.

a) Begründen Sie anhand geeigneter Reaktionsgleichungen den folgenden Verfahrensfehler: „Die Endpunktanzeige erfolgt in sauren Lösungen zu spät oder gar nicht."
b) Welche Konzentration dürfen die Chromat-Ionen nicht überschreiten?

3.8 Prüfungsaufgaben zur industriellen Chemie

Anforderungsbereich I

- Erklären Sie den Begriff Cracken in der Erdölchemie. (↑ S. 160)
- Formulieren Sie die allgemeine Reaktionsgleichung des Fischer-Tropsch-Verfahrens. (↑ S. 164)
- Was versteht man unter dem „Klopfen" eines Motors? Nennen Sie Möglichkeiten, dieses zu verhindern. (↑ S. 164 f.)
- Erklären Sie, wie ein Dreiwegekatalysator wirkt. (↑ S. 162)
- Nennen Sie wichtige Bestandteile in modernen Waschmitteln. Erklären Sie stichpunktartig die jeweilige Funktion. (↑ S. 168)
- Erklären Sie den Unterschied zwischen Roheisen, Eisen und Stahl. (↑ S. 178)

Anforderungsbereich II

- Das Element Chlor wird großtechnisch durch verschiedene Verfahren hergestellt. Beschreiben Sie die Grundzüge der beiden wichtigsten elektrochemischen Verfahren unter Angabe der jeweiligen Elektrodenreaktionen. Nennen Sie Vor- und Nachteile der jeweiligen Verfahren. (↑ S. 173)

- Beschreiben Sie, wie in der Technik das Element Sauerstoff gewonnen wird. Gehen Sie bei Ihren Ausführungen besonders auf die Lösung des auftretenden Trennproblems ein.
- In der Reduktionszone des Hochofens setzt sich Fe_2O_3 mit Kohlenstoff zu elementarem Eisen und CO um.
  a) Stellen Sie die Reaktionsgleichung für diese Umsetzung auf. (↑ S. 177)
  b) Berechnen Sie die Masse an Fe_2O_3, die zur Darstellung einer Tonne Eisen mindestens notwendig ist. Welches Volumen würde das dabei gebildete CO unter Normalbedingungen mindestens einnehmen?
- Salpetersäure lässt sich auf verschiedene Arten herstellen. Bei einem Verfahren geht man vom Stickstoff der Luft aus, bei einem anderen Verfahren dient Ammoniak als Ausgangsstoff. Beschreiben Sie die wesentlichen Vorgänge beider Verfahren durch Reaktionsgleichungen. (↑ S. 174)
- Beschreiben Sie das industrielle Verfahren zur Herstellung von Schwefelsäure. Formulieren Sie die jeweiligen Reaktionsgleichungen und nennen Sie die Reaktionsbedingungen. (↑ S. 175)

Anforderungsbereich III

- Erläutern Sie die folgende Aussage: „Der Begriff Eutektikum spielt für viele technische Prozesse eine zentrale Rolle."
- „Die wirtschaftliche Aluminiumherstellung erfordert billige Energie." Erläutern Sie diese Aussage anhand von Reaktionsgleichungen und Skizzen ausführlich.

3.9 Prüfungsaufgaben zur Umweltchemie

Anforderungsbereich I

- Nennen Sie jeweils drei Verursacher von Luftschadstoffen bzw. Gewässerschadstoffen. Geben Sie jeweils an, welche Schadstoffe hauptsächlich in Umlauf gebracht werden. (↑ S. 180)
- Erklären Sie an Beispielen die Begriffe natürliche und anthropogene Ursachen des Treibhauseffektes. (↑ S. 181)

Anforderungsbereich II

- Viele Ursachen werden dem „Waldsterben“ zugerechnet. Erstellen Sie eine Übersicht möglicher Ursachen.
- Ein Artikel über Umweltbelastungen trägt die Überschrift: „Ozon – oben gut, unten schlecht.“ Erläutern Sie diese Aussage ausführlich. (↑ S. 182 f.)
- Schwermetalle sind im Schlamm der Gewässer meist als Sulfide abgelagert. Wie ist dies zu erklären? (↑ S. 26)
- Erläutern Sie, was man unter der Eutrophierung der Gewässer versteht. Nennen Sie Gegenmaßnahmen. (↑ S. 184 f.)

Anforderungsbereich III

- In der Presse findet sich der Kommentar: „Brennstoffzellen für das Auto der Zukunft – Fahren ohne Abgase.“ Nehmen Sie unter Einbeziehung Ihrer chemischen Kenntnisse Stellung.
- Ein Hochofen produziert in der Minute 50 kg CO_2. Wie viel Liter CO_2 werden pro Minute in die Umwelt geblasen, wenn man von einer Temperatur von 480 K und einem Druck von 101,3 kPa ausgeht? $[R = 8{,}31\ \mathrm{J/(mol \cdot K)}]$.
- Berechnen Sie die Masse an Roheisen, die dabei produziert wird. Die weltweite Nachfrage nach Eisen steigt ständig. Nehmen Sie kritisch Stellung.

Bibliografische Information der Deutschen Nationalbibliothek
Die Deutsche Nationalbibliothek verzeichnet diese Publikation in der Deutschen Nationalbibliografie; detaillierte bibliografische Daten sind im Internet über http://dnb.ddb.de abrufbar.

2., aktualisierte und erweiterte Auflage

 F E D C B A

Redaktionelle Leitung Heike Krüger-Beer
Redaktion Dr. Angelika Fallert-Müller
Autoren Dr. Roland Franik, Dr. Eva Danner

Herstellung Annette Scheerer
Typografisches Konzept Horst Bachmann
Umschlaggestaltung Michael Acker
Bildrechte Umschlag innen Bild und Wort, Literatur- und Medienagentur, H.-J. Rech, Kaarst: Aspirin; W. Clemens, Siemens, Erlangen: Polymerelektronik; © CORBIS/Royalty-Free: Empedokles; H. Mahler, Fotograf, Berlin: Elektrolyse; MAN, Augsburg und München: industrielle Chemie; MEV Verlag, Augsburg: Glaskolben; picture-alliance/akg-images, Frankfurt am Main: Lavoisier; picture-alliance/Bildarchiv Okapia, Frankfurt am Main: DNA, Fullerene; Prof. Dr. U. Sinn, Würzburg: Bronze; T. Weinkauf, Zuse-Institut Berlin: Benzol; WGV Verlagsdienstleistungen, Weinheim: Kunststoffe
Satz SRZ, Berlin
Druck und Bindung Kösel, Altusried-Krugzell
Printed in Germany

ISBN 978-3-411-70652-5

A
Acetatpuffer **28, 31**
Addition **80, 96**
Akkumulatoren **41**
Aktivierungsenergie **79**
Aktivität, optische **122, 127**
Aldehyde **97**
Aldehyd-Gruppe **73, 124**
Aldoladdition **101**
Alizarin **116**
Alkane **72 ff.**
Alkene **72, 79**
Alkine **72, 81**
Alkoholate **92**
Alkohole **91**
alpha-C-Atom **99**
Altersbestimmung, radioaktive **60 f.**
Aminogruppe **73, 135**
Aminosäuren **104, 134**
Ammoniak-synthese **13, 158, 172**
Ampholyte **24**
Analyse **148, 150 ff.**
Anionensäure/-base **23**
Äquivalenzpunkt **151**
Atmung **146**
Aufheller, optische **168**
ATP **143**
Autoprotolyse **7, 18**
auxochrome Gruppe **113, 115**
Azofarbstoffe **114**
Azogruppe **73**

B
Bänder **66**
Base, schwache **22**
Basestärke **21**
Basenkonstante **7**
Batterien **43**
Beizenfarbstoffe **113**
Benzinpyrolyse **163**
Benzen **86**
Bildungsenthalpie **50**
Bindung, chemische **61 f.**
Blei-Akkumulator **41, 51**
Boudouard-Gleich-gewicht **14, 177**
Brennstoffzelle **44**

C
Calvin-Zyklus **145**
Carbanion **85, 99**
Carbokation **85, 98**
Carbonsäuren **103**
Carbonylgruppe **98**
Carboxylgruppe **73, 103**
Cellulose **132 f.**
chemische Reaktion, endotherm/exotherm **15, 49**
Chemischer Sauer-stoffbedarf CSB **184**
chemisches Gleichgewicht **9**
– heterogen **14**
– homogen **14**
chirale Moleküle **122, 128**
Chlor-Alkali-Elektrolyse **173**
Chromatografie **117, 126, 150**
Chlorophyll **116**
chromophore Gruppe **112, 114**
Citronensäure-zyklus **123, 147**

Coenzym 140
Cracken 160
Copolymerisation 110

D

Daniell-Element 37 ff.
Delokalisierung 85
Destillation, fraktionierte 159
Diazotierung 114
Dicarbonsäuren 104
Dicarbonylbindung 127
Dipolcharakter 17
Direktreduktion 179
Disaccharide 126
Dispersionskräfte 69
Disproportionierung 174, 175, 178
Dissoziation, Wasser 7, 17
Disulfidbrücke 110, 137
Döbereiner Feuerzeug 162
Doppelbindung 79 f.
– konjugierte 84, 114
Doppelhelix 143
d-Orbital 56
Dreiwegekatalysator 78, 162
Duroplaste 107, 169

E

Edelgasregel 57, 111
Effekt, bathochromer 113
Eiweißstoffe 134 ff.
Elastomere 169
Elektrolyse 45
– Chlor-Alkali 173
Elektron 52
Elektronegativität 62 f., 74, 83, 91, 98, 104 ff., 135
Elektronengas 66
Elektronenkonfiguration 56 f., 65
Elektronenpaarbindung 61, 91
Elementaranalyse nach Liebig 156
Eliminierung 82
Enantiomer 128, 171
endergonisch 33, 48, 95
Energie, elektrische 32, 51
Enthalpie 47
Entropie 33, 47, 49
Enzym 122, 139 f., 168, 171
Essigsäure 103, 185
Essigsäurelösung 24
Esterbildung 105
Estergruppe 73
Ether 95
exergonisch 33, 48, 95

F

Faraday-Gesetz 46, 154, 177
Faraday-Konstante 32, 46
FCKW 180, 182
Fehling-Reaktion 99 f., 126
Fette 106
Fettsäuren 104
Fischer-Tropsch-Verfahren 164
Fließgleichgewicht 145, 147
Formel, chemische 149, 154
Fotosynthese 145
freie Enthalpie 33, 47, 48

funktionelle Gruppen **73**
Furan-Ring **124**

G

galvanisches Element **36**
Gärung **144, 171**
Gasgleichung, allgemeine **155**
Geschwindigkeitsgesetz **6, 8**
Gewässergüteklassen **184**
Gibbs-Helmholtz-Gleichung **33, 48, 95**
Gichtgas **178**
Gitterenergie **67**
Gleichgewicht, chemisches **9**
Gleichgewichtsbedingung **10**
Gleichgewichtskonstante **6, 11 ff.**
Glockenböden **159**
Glykogen **131**
Glykolyse **144, 147**
Grenzstrukturen, fiktive **85 ff.**

H

Haber-Bosch-Verfahren **158, 172**
Halbelement **35**
Halogenkohlenwasserstoffe **82**
Hauptquantenzahl **52 ff.**
Hess, Satz von **33, 50**
Hochofenprozess **158, 177**
Hormone **123**
Hund, Regel von **57, 64, 70**
Hybridisierung **58, 74 ff.**
Hydrathülle **67**
Hydroformylierung **101, 165**
Hydroxylgruppe **73, 120**
Hydroxysäuren **104**

I

Indigo **116**
Indikatoren, pH **113, 118 ff.**
– Redox **121**
Induktionskräfte **69**
induktiver Effekt **83, 105**
Inversion **130**
Iod-Wasserstoff-Gleichgewicht **11, 13**
Ionenbindung **67**
Ionenkonzentration **27**
Ionenprodukt, Wasser **7, 18, 19, 29**
Isolatoren **66**
Isomerie **75 ff., 128**
– *cis-trans* **80**
Isotope **59**
Isotopenmarkierung **60, 145**

K

Katalysator **15, 78 f., 139, 162, 172**
Kationensäure/-base **23**
K-Einfang **60**
Kernladungszahl **59, 70**
Kernreaktor/-spaltung **61**
Ketogruppe **73, 98, 124**
Ketone **101**
KKK-Regel **90**
Kläranlage **185**

Komplementärfarbe **112, 114**
Komplexverbindungen **64**
Knopfzellen **43**
Königswasser **174**
Kontakt-Verfahren **158, 175**
Konvertierung **172**
Konzentration **6, 15, 151**
Korrosion **40**
kovalente Bindung **61**
Küpenfarbstoffe **113, 116**
Kupplung **114**

L

Ladung, elektrische **46 ff.**
Le-Chatelier-Prinzip **14, 31, 172**
Leitungsband **66**
Licht **112, 114**
Liebig-Elementaranalyse **156**
Liganden **65**
Lithium-Knopfzelle **43**
Lokalelement **40**
Löslichkeitsprodukt **26, 150**
Lösungsenthalpie **67**

M

magnetische Quantenzahl **52 ff.**
Maskierung **65, 153**
Maßanalyse **149**
Masseneinheit, atomare **60**
Massenspektrometer **60, 154**
Massenwirkungsgesetz **6, 11, 12, 18, 24, 26, 31, 118, 150, 172**
Massenzahl **59**
Membranverfahren **173**
Mesomerie **69, 84, 86, 110, 120**
Metallbindung **66**
Metathese **160**
Milchsäuregärung **144**
molare Masse, Ermittlung **149, 155**
Monocarbonylbindung **127**
Monosaccharide **124 ff.**
MTB-Ether **165**
Mutarotation **125, 129 f.**

N

Nachweisreaktionen **150**
NADH/NAD$^+$ **140**
Natriumacetat **28 ff.**
Nebenquantenzahl **52 ff.**
Nernst-Gleichung **32, 38**
Neutralisation **26 ff.**
Nickel-Cadmium-Akkumulator **42**
Nitriersäure **175**
Nitrogruppe **73**
Normalpotenzial **35**
Nucleinsäuren **122, 142 f.**
Nucleotide **142**
Nuklide **60, 71 f.**

O

Octanzahl **161, 165**
Orbital **53 ff., 63, 74, 79, 86**
Ostwald-Verfahren **174**
Oxidationszahlen **57, 91, 111**
Oxonium-Ion **19**
Oxosäuren **104**
Oxo-Synthese **165**

Ozonzerstörung 83, 182

P

Partialdruck 172
Pauli-Prinzip 53
Peptide 135
Phenolphthalein 120
Periodensystem 54, 63, 70
pH-Wert 7, 19, 22, 30, 113, 118
pK_B-Wert 21
pK_S-Wert 20, 113, 118
Platforming 161
pH-Wert-Berechnung 24
polare Elektronenpaarbindung 62, 69, 83
Polarimeter 129
Polyaddition 109
Polyamid 108
Polyester 108
Polykondensation 108
Polymerisation 107
Polysaccharide 130
Polyurethan 109
p-Orbital 55
Potenzial, elektrochemisches 34
Potenzialdifferenz 32
Primärstruktur 136
Proteide 137
Proteine 134 ff.
Protolyse 16
Protonenakzeptoren 16
Protonendonatoren 16
Pufferung 30, 168
Pyran-Ring 124
Pyrolysebenzin 163

Q

Quartärstruktur 136

R

Racemat 128, 171
Reaktionsenthalpie 33, 47 f., 50
Reaktionsgeschwindigkeit 6, 8
Reaktivität 90
Recycling 162, 170
Redoxsystem 35, 41
Reforming 161
RGT-Regel 8, 140
Roheisen 178

S

Sauerstoff-Aufblas-Konverter 178
Säure, schwache 21
Säure-Base-Paar, korrespondierendes 22
Säurekonstante 7, 20
Säurestärke 20
Schmelzflusselektrolyse 176
Seifen 167
Sekundärstruktur 136
Separationsprozess 117
Sequenz 135
s-Orbital 55
Spannung 32
Spannungsreihe 34 f.
Spinquantenzahl 52 ff.
SSS-Regel 90
Stahlerzeugung 158, 177 f.
Standardbedingungen 33, 48

Stärke 130
Steamcracking 163
stereospezifisch 141
Stoffmenge 6, 151
Stromschlüssel 35
Substituenten erster/ zweiter Ordnung 90
Substitution 76
– elektrophile 88 ff.
– nucleophile 93, 98
– radikalische 77, 82
Substitutionsregeln 89 f.
Sulfidfällung 150
Synthesegas 166
Synthesekautschuk 110
System
– abgeschlossenes 9
– benzoides 85, 120
– chinoides 86, 115, 120
– konjugiertes 84

T

Tenside 168
Tertiärstruktur 136
Thermoplaste 169
Titration 26, 151 f.
Titrationsgleichung 26
Titrationskurve 152, 156
Tollens-Reaktion 100
Treibhauseffekt 180 ff.
Treibstoffgewinnung 158 f.
Triarylfarbstoffe 115
Trockenelement 43

U

Übergangsmetalle 64 f., 71
Unschärferelation 55
Umesterung 106
Umschlagbereich 118

V

Valenzband 66
Valenzelektronen 56, 64, 66, 71
Van't-Hoff-Regel 8
Van-der-Waals-Kräfte 68, 137
Verseifung 106
Vitamine 138
Vorproben 148
Vortex 183

W

Wärme 33
Wärmekapazität, spez. 33
Wärmesummensatz 50
Wassermolekül 17
Wasserhärte 153
Wasserstoff-brückenbindung 68, 137
Winderhitzer 177
Wirkstoffe 123, 138 f.
Wirkungsquantum, plancksches 52

Z

Zellspannung 39
Zentralatom 65
Zerfallsgesetz 60
Zweitsubstitution, elektrophile 89 f.
zwischenmolekulare Kräfte 68